TROISIÈME ÉDITION

BIBLIOTHÈQUE DES PROFESSIONS
INDUSTRIELLES, COMMERCIALES ET AGRICOLES

MANUEL DU
CHAUFFEUR

GUIDE PRATIQUE

A L'USAGE DES

MÉCANICIENS, CHAUFFEURS ET PROPRIÉTAIRES DE MACHINES A VAPEUR

Exposé des connaissances qui leur sont nécessaires,
et suivi de conseils afin d'éviter

LES EXPLOSIONS DES CHAUDIÈRES A VAPEUR

Par A. JAUNEZ
Ingénieur civil

Avec 40 figures dans le texte

Arts
et Métiers

Série G
n° 7

PARIS
J. HETZEL ET Cie, ÉDITEURS
18, RUE JACOB, 18

MANUEL

DU

CHAUFFEUR

PARIS. — IMPRIMERIE GAUTHIER-VILLARS ET FILS,
55, QUAI DES GRANDS-AUGUSTINS.

BIBLIOTHÈQUE DES PROFESSIONS
INDUSTRIELLES, COMMERCIALES ET AGRICOLES

MANUEL DU

CHAUFFEUR

GUIDE PRATIQUE

A L'USAGE DES

MÉCANICIENS, CHAUFFEURS ET PROPRIÉTAIRES DE MACHINES A VAPEUR

EXPOSÉ DES CONNAISSANCES QUI LEUR SONT NÉCESSAIRES
ET SUIVI DE CONSEILS AFIN D'ÉVITER

LES EXPLOSIONS DES CHAUDIÈRES A VAPEUR

PAR A. JAUNEZ
Ingénieur civil

TROISIÈME ÉDITION

Arts
et Métiers

Série G.
N° 7

PARIS
J. HETZEL ET Cie, ÉDITEURS
18, RUE JACOB, 18

MANUEL PRATIQUE

DU

CHAUFFEUR

CONTENANT

Les connaissances qui sont nécessaires pour éviter les explosions des machines à vapeur

---

OBSERVATIONS PRÉLIMINAIRES.

Il y a 38 ans que j'ai fait paraître, avec mon ami Grouvelle, un *Guide du Chauffeur* ; ce livre a eu quatre éditions. Depuis cette époque, beaucoup d'ouvrages ayant à peu près le même but, ont été publiés ; celui que je présente aujourd'hui n'est pas une cinquième édition, il est tout spécialement destiné aux chauffeurs ; j'y ai cependant donné quelques renseignements généraux que j'ai cru indispensables aux personnes qui seraient dans le cas d'employer des machines à vapeur et d'en faire monter ; les personnes chargées de leur surveillance y trouveront, je pense, des renseignements pratiques utiles.

Il existe aujourd'hui un très-grand nombre de machines à vapeur, et ce nombre s'accroît journellement. En 1863, il y avait, en France, 22 516 machines à vapeur ; en 1864, le nombre des explosions de chaudières à vapeur a été en France de 16, et le nombre des personnes auxquelles ces accidents ont fait perdre la vie, a été de 40. Il y a d'autres pays où le nombre de ces accidents y a été encore plus considérable.

J'ai cherché, autant qu'il m'a été possible, à indiquer ce que les chauffeurs doivent faire dans les diverses circonstances qui peuvent se présenter journellement, et j'ai surtout insisté sur la surveillance continuelle qu'ils doivent exercer, afin d'éviter les explosions.

Des chaudières destinées à produire de la vapeur à diverses pressions, sont souvent employées dans l'industrie à un autre usage que celui de faire mouvoir les machines à vapeur, elles exigent les mêmes soins.

Les bons chauffeurs pour l'industrie privée sont rares, et par conséquent recherchés ; les personnes qui ont des machines à vapeur, ne sont que trop souvent obligées d'employer pour chauffeurs, des hommes qui manquent, non-seulement des connaissances pour un tel emploi, mais quelquefois même de toute pratique ; dans de telles circonstances, il y a évidemment danger, non-seulement pour la détérioration des machines, mais aussi d'accidents très-graves.

Pour que l'on puisse bien conduire une machine à vapeur, il faut non-seulement parfaitement connaître tous les détails de ses organes, et savoir ce qu'il convient de faire pour les conserver en bon état, mais encore savoir surtout ce qui se passe lorsque l'on fait du feu sous une chaudière fermée, pour y produire de la vapeur, car ce ne sont pas les machines à vapeur qui font explosion, mais bien les chaudières qui leur fournissent la vapeur. Ce sont ces connaissances, que je regarde comme indispensables à un chauffeur, que j'ai cherché à exposer pratiquement et de manière à être mises à leur portée. Malheureusement, le métier de chauffeur est très-pénible, quand ils n'ont pas d'aide, et les hommes qui s'y vouent pour l'industrie privée, ne sont souvent que des manœuvres manquant de connaissances indispensables.

Le petit *Moniteur du soir* du 18 juin 1865, constate, d'après l'enquête qui a eu lieu pour un concours de chauffeurs, que 7 seulement sur 32 savaient lire.

Sans doute un homme intelligent, quoique ne sachant pas lire, peut devenir un bon chauffeur, mais à condition qu'on lui donnera, en causant avec lui, les connaissances qui sont indispensables à son état.

J'ai cru, dans un semblable ouvrage, ne devoir donner que des dessins absolument indispensables à l'intelligence du texte, beaucoup de raisons m'ont engagé à agir ainsi : d'abord, tous les dessins publiés dans ces genres d'ouvrages ne sauraient être d'un grand secours, si ce n'est quelquefois à donner des explications à un enfant, et aujourd'hui les dispositions des machines sont si variées, que je ne puis croire que l'on puisse avoir la prétention de les reproduire toutes ; d'ailleurs, le chauffeur pour lequel j'écris, a sa machine sous les yeux, il a dû la voir monter, ou au moins en avoir démonté les principales pièces, ce qui vaut mieux pour lui qu'une image dans un livre ; au surplus, il existe d'excellents recueils de dessins de machines, et que ceux que cela intéresse peuvent consulter avec fruit.

(Voir les publications de M. Armengaud et *le Portefeuille* de John Cockerill.)

Il faut bien se rappeler que les soins que réclament les machines à vapeur, pour les entretenir en bon état, appartiennent à une spécialité d'étude toute différente que ceux que réclament les chaudières destinées à leur fournir de la force, au moyen de la vapeur, pour les mettre en mouvement.

En premier lieu, ce ne sont que des soins d'entretien de machines, qu'il importe de ne pas négliger et de bien surveiller.

En second lieu, on a à diriger la production et l'emploi de la vapeur, agent dont la force n'a pas de limites, et qui, par cette raison, afin d'éviter de grandes catastrophes, demande à être utilisée avec des connaissances bien positives sur la manière dont elle se comporte.

CHAPITRE PREMIER

CONNAISSANCES INDISPENSABLES POUR CONDUIRE LES MACHINES A VAPEUR.

DE L'AIR

Son étude et ses applications, seulement sous le point de vue qui est nécessaire à la conduite des machines à vapeur.

Nous vivons au milieu d'un corps que nous appelons air, comme les poissons vivent au milieu d'un corps que nous appelons eau.

L'air est un corps que l'on ne voit pas, mais que l'on sent ; ainsi, si nous soufflons sur notre main, nous sentons parfaitement l'air qui vient la frapper. Le vent n'est que de l'air en mouvement, et il peut acquérir assez de force pour pouvoir renverser des maisons.

On peut prendre de l'air dans un vase et le

peser ; on donne le nom de gaz aux corps qui se présentent à nous sous la forme de l'air.

On sait que l'air est presqu'entièrement composé d'un mélange de deux gaz, qui sont l'oxygène et l'azote ; plus un troisième gaz, qui est l'acide carbonique, mais qui n'existe dans l'air que dans la proportion de 6 à 4/10000. Sur cent litres d'air, il y en a 79 d'azote et 21 d'oxygène, plus un peu de vapeur d'eau.

(1) Pour bien comprendre les propriétés de l'air, il faut concevoir que c'est un corps composé de molécules qui se repoussent toutes entre elles, de manière que lorsque l'on comprime de l'air, toutes les molécules se rapprochent. Comme aussi, si on mettait un peu d'air dans un grand espace vide, toutes les molécules s'écarteraient ; c'est donc un corps qui peut occuper plus ou moins de volume, selon qu'il est plus ou moins comprimé.

Nous vivons à la surface de la terre, tout au fond de la couche d'air, dans l'endroit où il est, par conséquent, le plus pressé, pression qui provient du poids des couches qui lui sont supérieures. Un litre d'air pris au sommet d'une haute montagne pèsera donc moins que celui pris au pied de cette même montagne. Comme la température fait aussi varier la dimension des corps, si l'on veut s'entendre sur le poids d'un litre d'air, par exemple, il faut indiquer sous quelle pression et à quelle température l'air a été pesé.

(2) En moyenne, à la température de 0° et sous une pression de $0^m,76$ (voyez n° 8) qui est regardée comme la moyenne de celle que l'air exerce à la surface de la terre, un litre d'air pèse $1^g,29$.

(3) La pression que l'air exerce à la surface de la terre est très-forte, c'est ce que nous allons tâcher de faire comprendre.

Admettons (fig. 1) un cylindre en fonte placé verticalement, bien alésé, fermé à sa partie supérieure, à laquelle un robinet C est fixé. Admettons enfin les conditions suivantes : le diamètre du cylindre est d'un peu plus de $0^m,11$ de manière que sa surface soit égale à un décimètre carré ; qu'un piston B, bouchant bien hermétiquement, puisse se mouvoir dans le cylindre, que ce piston ait une tige D, au bout de laquelle est fixé un plateau de balance E.

Fig. 1.

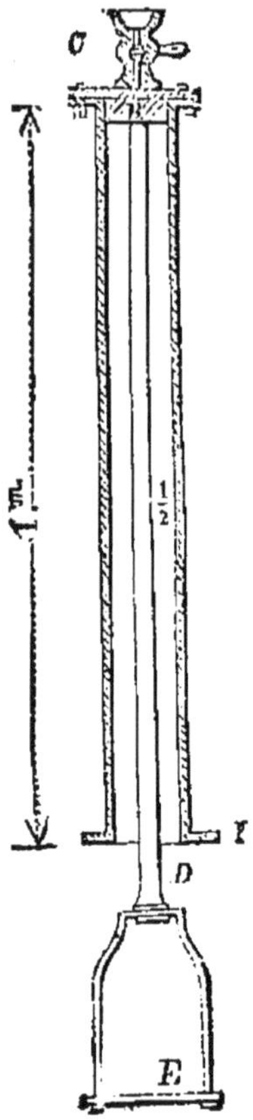

L'appareil étant ainsi disposé et le robinet C étant ouvert, on voit que pour faire mouvoir le piston dans les deux sens, il n'y a que l'effort dû au frottement du piston contre les parois du cylindre à vaincre, effort qui pourrait être compensé en descendant, par le poids du piston, de sa tige et du plateau, et augmenté en montant de cette différence; cela convenu, pour simplifier nous n'en tiendrons plus compte.

Maintenant, admettons que le piston B étant au fond du cylindre, il n'y ait plus d'air entre le piston et le fond du cylindre, ce que l'on aurait pu obtenir en mettant de l'eau par le robinet C, qui aurait rempli l'espace où l'air aurait pu se loger. L'appareil étant ainsi disposé, le robinet C étant fermé de manière à ne permettre aucune communication d'air entre l'extérieur et la partie supérieure du piston. On voit que si on néglige le poids du piston, de la tige et du plateau, que pour faire baisser le piston B, il faut charger le plateau E, à très-peu près d'un poids de 100 kilogrammes le plateau ainsi chargé, le piston peut se mouvoir identiquement avec le même effort qu'il a fallu pour le mouvoir dans l'expérience précédente, quand le robinet C était ouvert. Il est bien évident que, dans ce cas, le piston n'étant soumis à la pression de l'air que d'un côté (le côté ouvert), et que pour compenser le poids de l'air que l'on a supprimé de l'autre côté, il a fallu 100 kilog. sur un piston d'une surface d'un décimètre carré, ou 100 centimètres carrés de surface; il est bien évident, dis-je, que l'air exerce sur toute la surface de la terre et des corps qui y sont et sur nous-mêmes, une pression égale à très-peu près à 1 kilog. par centimètre carré de surface, ce qui correspond à 10 000 kilog. par mètre carré. C'est cette pression que l'on appelle une atmosphère, parce qu'elle répond en moyenne au poids de toute la colonne d'air, qui est au-dessus de nous ; ainsi, n'oublions pas que lorsque l'on dit la vapeur est à 3 atmosphères, cela veut dire qu'elle fait un effort de 3 kilog. pour chaque centimètre carré de surface, ainsi la chaudière dans laquelle la vapeur est dit-on à 3 atmosphères, supporte une pression intérieure tendant à la faire éclater, pression égale à 3 kilog. par centimètre carré, ou ce qui est la même chose, à 30 000 kilog. par mètre carré de surface ; il sera bon d'observer que la pression que la chaudière éprouve intérieurement n'empêche pas la pression extérieure exercée par l'atmosphère, d'avoir lieu sur toute la surface extérieure de la chaudière ; que par conséquent l'effort que fait la vapeur dans l'intérieur de la chaudière, doit être diminué de l'effort extérieur exercé par l'atmosphère, c'est-à-dire de 1 kilog. par centimètre carré, pour la pression réelle qu'éprouve la chaudière ; de là quelquefois confusion sur le point de départ duquel on compte le nombre d'atmosphères.

(5) Les chaudières sont timbrées par les ingénieurs, à la pression effective qu'elles supportent, c'est-à-dire à une atmosphère de moins que la pression exercée par la vapeur dans l'intérieur de la chaudière.

Il sera bon de remarquer, car cela peut se présenter dans la pratique des machines, que si dans notre appareil (fig. 1) le piston se trouvant à la partie inférieure du cylindre, et le vide étant fait dans ce cylindre, si on ôtait brusquement le poids de 100 kilog. du plateau, le piston irait frapper le fond du cylindre avec une très-grande force et pourrait le briser.

(6) Deux vases séparés, A, B (fig. 2) mais communiquant de l'un à l'autre à leur partie inférieure par un tuyau C, quel que soit d'ailleurs leur éloignement, si on verse de l'eau dans le vase A, elle s'écoulera dans le vase B, et la

Fig. 2.

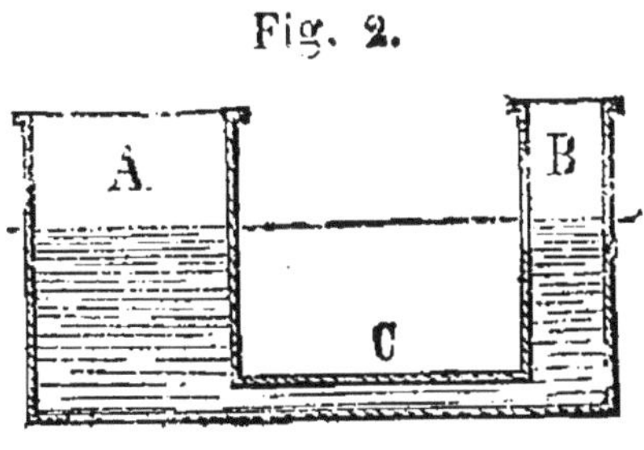

hauteur de l'eau dans les deux vases, sera toujours de niveau; dans ce cas, la pression de l'air exercée à la surface de l'eau dans les deux vases est la même, bien que A puisse être un vase d'un très-petit diamètre et B d'un très-grand diamètre, et réciproquement.

(7) Si nous prenons un tube de 11 mètres de longueur, dont les deux derniers mètres supérieurs soient en verre, afin de pouvoir voir à travers, et le reste du tube en fer (fig. 3), que ce tube soit terminé par un robinet A et B à chacune de ses extrémités; qu'avec cette disposition, le robinet inférieur B étant fermé, on remplisse ce tube d'eau par le robinet A, l'eau prend la place de l'air que contenait le tube en le chassant fait à fait qu'il se remplit. Lorsque le vase est tout à fait plein, si l'on ferme le robinet supérieur A, et que l'on place ce tube rempli d'eau dans un baquet D contenant assez d'eau pour que l'on puisse y plonger l'extrémité du robinet inférieur B, dans cette disposition (le robinet A supérieur étant toujours fermé), si on ouvre le robinet B, on voit le niveau de l'eau s'établir dans la partie

Fig. 3.

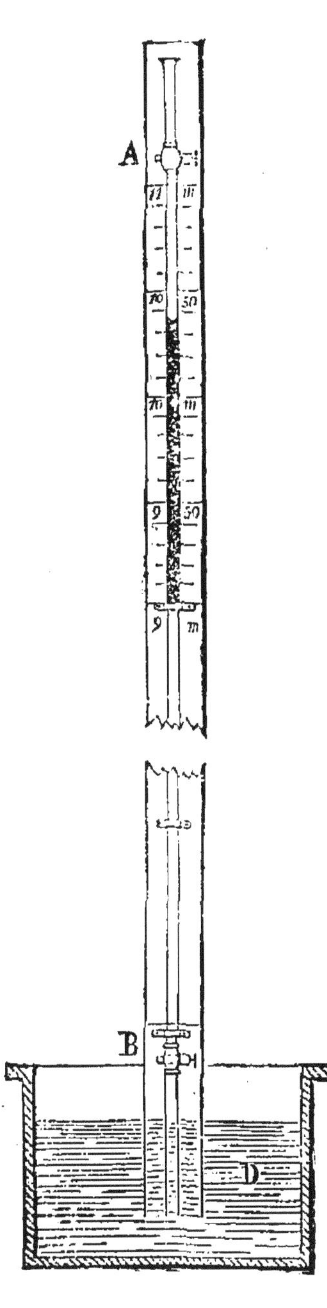

du tube en verre à environ 10 mètres au-dessus du niveau de l'eau contenu dans le baquet.

Cette expérience est, avec une autre disposition, identique à celle faite avec le piston dans le cylindre (fig. 1).

Ici, la pression de l'air ayant été supprimée d'un côté sur l'eau contenue dans le tube, au moyen de la fermeture du robinet A et agissant sur le liquide contenu dans le baquet D, qui se trouve en communication par la partie inférieure du tube avec le liquide qu'il contient, a forcé, par sa pression, l'eau à rester dans le tube à 10 mètres au-dessus du niveau de l'eau contenue dans le baquet. Si dans cette disposition, on ouvrait le robinet supérieur A, l'eau contenue dans le tube s'écoulerait dans le baquet et l'eau du baquet et celle du tube se mettraient au même niveau.

(7bis) La pression que l'air exerce pour avoir pu produire cette différence de niveau, est la même que celle que nous avons déjà indiquée, c'est-à-dire de 1 kilog. par centimètre carré de surface, car si nous supposons que le tube ait un diamètre tel qu'il représente la surface d'un centimètre carré, chaque mètre de longueur de tuyau nous représenterait un poids de 100 centimètres cubes d'eau, et comme le poids d'un centimètre cube d'eau pèse un gramme, chaque mètre représente un poids de 100 grammes, 10 mètres représenteront 1000 grammes ou 1 kilog. par centimètre carré de surface.

Si on examine avec un tel instrument pendant quelque temps (6 mois, par exemple), la différence de hauteur du niveau de l'eau dans le tube et du niveau de l'eau dans le baquet, on voit qu'il varie presque continuellement, et que ces variations peuvent même aller jusqu'à

1/14 de la hauteur totale, ce qui correspondrait pour 10 mètres à 71 centimètres, ce qui fait voir que le poids de l'atmosphère varie continuellement et beaucoup.

(8) Un tube disposé ainsi prend le nom de baromètre. Seulement, pour plus de facilité, au lieu d'un tube rempli avec de l'eau, on remplace l'eau par du mercure. Comme ce liquide, sous un même volume, pèse 13,59 plus que l'eau, le tube nécessaire pour le baromètre à mercure, sera 13,59 moins long ; une hauteur d'eau de $10^{m},33$ correspond à une hauteur de $0^{m},76$ de mercure, hauteur que l'on prend généralemrnt comme correspondand à la pression moyenne de l'atmosphère, parce que c'est la moyenne des hauteurs du baromètre au bord de la mer. Cette pression correspondrait à $1^{k},03$ par centimètre carré de surface.

Le baromètre à mercure le plus simple consiste en un tube en verre recourbé A (fig. 4), d'un diamètre d'environ 3 à 4 millimètres, fermé à l'extrémité B, pour empêcher la pression de l'air de s'exercer, et ouvert en C pour la permettre. La longueur totale du tube, pour être convenable, doit à peu près être telle que la longueur entre D et E soit de 0m,76, qu'il reste environ 8 centimètres entre D et B, et également 8 centimètres entre E et C et entre E et F.

Fig. 4.

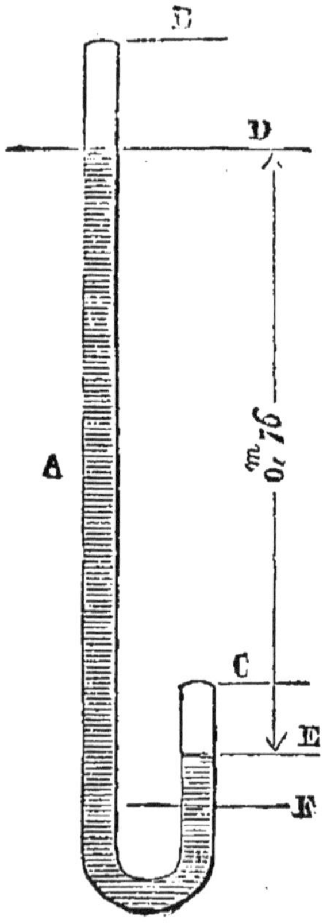

Ces hauteurs sont nécessaires pour permettre les variations de niveau du mercure. Un tube ainsi disposé, rempli de la quantité nécessaire de mercure qui doit occuper l'espace entre D et E, et de manière à ce qu'il ne reste plus aucune portion d'air dans la partie supérieure DB, avec un tel baromètre, pour connaître la pression exercée par l'atmosphère, il n'y a qu'à mesurer la différence des niveaux de mercure entre E et D.

(9) Si on veut savoir l'effort qu'il faut faire, pour que l'air occupe des espaces moindres, nous pouvons employer l'appareil fig. 1 retourné, soit (fig. 5) un cylindre A d'un diamètre égal à la

surface d'un décimètre carré, de la hauteur d'un mètre, et fermé à son extrémité inférieure par un robinet C. Ce tube étant rempli d'air, si on veut faire descendre le piston B jusqu'à moitié du cylindre, on voit qu'il faut charger le plateau E d'un poids de 100 kilog., que si l'on charge le piston d'un poids moindre, il s'enfoncera moins. Qu'enfin, si l'on veut réduire le volume de l'air dans le cylindre à 1/3 du volume qu'il occupait primitivement, il faut charger le piston 200 kilog. : le piston se trouvera aux 2/3 du cylindre.

Fig. 5.

Si l'on veut réduire l'air à 1/4 du volume occupé primitivement, il faut charger le piston de 300 kilog. Pour réduire le volume aux 4/5 du volume primitif, il faut charger le piston de 400 kilog., et ainsi de suite. On voit que l'air occupe toujours un volume en raison inverse des poids comprimeurs, c'est ce que l'on appelle la loi de Mariotte.

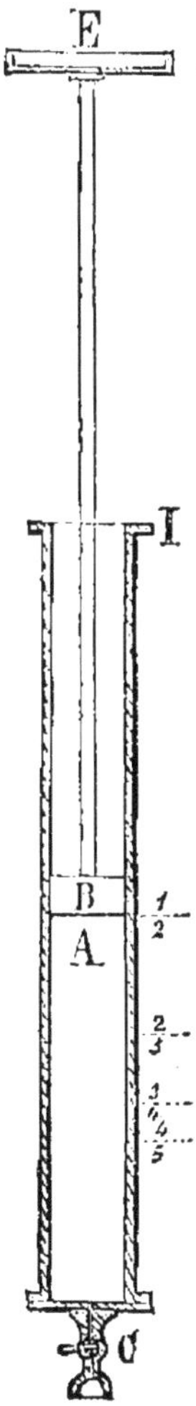

Il faut observer que c'est sur de l'air déjà

comprimé par le poids de l'atmosphère que nous avons agi ; ainsi, quand le piston occupait le n° 1, sans agir sur l'air contenu dans le cylindre, cet air exerçait déjà une pression de 100 kilog. sur la surface de notre piston, qui est égale à un décimètre carré.

Mais pour comprendre cette loi, on n'a pas besoin d'avoir égard à cette observation, il faut seulement concevoir que, quelle que soit la pression à laquelle se trouve l'air, si l'on veut en le comprimant dans un espace fermé, en réduire le volume de moitié, il faudra qu'il reçoive une pression double à celle qu'il avait avant de le comprimer. Pour le réduire au tiers de l'espace qu'il occupait primitivement, il faudra qu'il reçoive une pression triple que celle qu'il avait en premier lieu.

Comme nous le verrons plus loin, dans des appareils qui ont reçu le nom de manomètres, on utilise cette loi pour mesurer la force de la vapeur en faisant agir cette dernière de manière à comprimer un certain volume d'air, et dans ce cas, la pression ou la force de la vapeur est indiquée par le volume occupé par l'air.

Maintenant, si le piston B (fig. 1) se trouvait à moitié du cylindre marqué 1/2, le robinet C étant ouvert, et que dans cette position du piston on referme le robinet C, il y aurait dans cet état égalité de pression au-dessus et au-dessous du piston. Les choses étant ainsi disposées, si l'on fait descendre le piston au n° 1, on voit qu'il faut augmenter les poids successivement sur le plateau E, et qu'il faut que ce plateau, qui est relié au piston, soit chargé de 50 kil., pour le tenir au n° 1. Il faut concevoir dans ce cas, que l'air qui était contenu dans la moitié du cylindre occupant le double de son volume primitif, a perdu la moitié de son ressort ou de sa force, qu'il ne fait donc plus qu'un effort de 50 kilog. sur le piston (au lieu de 100 qu'il faisait primitivement quand le piston était à moitié du cylindre), tandis que l'air extérieur qui agissait sur la surface du piston n'ayant rien perdu de sa tension ou force, quand le piston se trouvait au n° 1, il était pressé d'un côté avec 100 kilog. (poids de l'atmosphère sur un décimètre carré qui est la surface de notre piston), et seulement avec 50 kilog. de l'autre côté du piston, c'est pourquoi il a fallu ajouter 50 kilog. sur le plateau pour rétablir l'équilibre ; comme on le voit, c'est toujours d'après la loi, dite de Mariotte, que s'explique ce qui vient d'être dit.

Si l'on a bien compris ce qui précède, il sera facile de se rendre compte de ce qui se passe, lorsque l'on se sert d'une pompe pour élever de l'eau, et comme presque toutes les machines à vapeur font mouvoir ordinairement plusieurs pompes pour leur usage, il est indispensable de bien les connaître, afin de pouvoir les remettre promptement en bon état, lorsqu'elles ne fonctionnent plus ou qu'elles fonctionnent mal ; circonstance qui finit toujours par arriver.

DES POMPES.

Il y a une grande variété dans la disposition des pompes, mais il y en a surtout deux sortes qui sont le plus en usage : la pompe aspirante et la pompe foulante. On appelle corps de pompe l'endroit où se fait le jeu du piston. Sauf quelques dispositions toutes particulières, l'introduction du liquide dans le corps de pompe est due à la pression de l'air.

(10) La pompe aspirante est construite de la manière suivante (fig. 6) :

C'est un piston P qui se meut de B en A dans le corps de pompe au moyen d'un levier L, dont le point fixe est en X, et qui est relié en Y a une tige T qui est fixée au piston P, ce piston a une soupape Z qui s'ouvre du dedans en dehors.

Le piston P étant sur la soupape S qui se trouve fermée, si on le fait remonter au moyen du levier L, la soupape fixée au piston B se fermera, et la soupape fixe S s'ouvrira : l'air qui

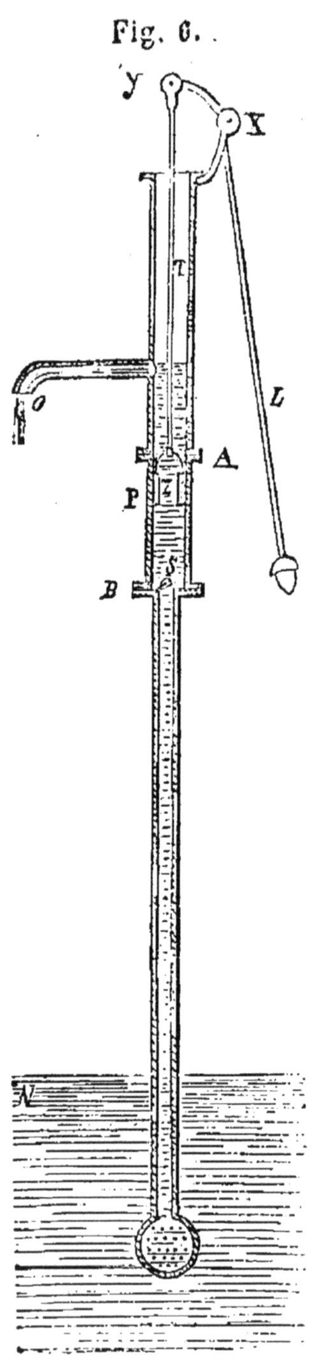

Fig. 6.

était contenu dans le tuyau d'aspiration depuis le niveau de l'eau dans le puits jusqu'à la soupape S, et qui était à la même tension que l'air extérieur, pourra occuper un plus grand volume en venant se loger dans le corps de pompe jusqu'au piston qui a sa soupape Z fermée, ce qui empêche l'air extérieur de pouvoir communiquer avec l'air qui se trouve au-dessous du piston; il s'ensuit de là que l'air qui se trouve dans le tuyau d'aspiration n'a plus une si grande tension que l'air extérieur qui exerce sa pression sur l'eau du puits, il n'y a plus équilibre, et l'eau qui se trouvait dans le tuyau d'aspiration, au même niveau que celle du puits, monte dans ce tuyau à une certaine hauteur, au-dessus du niveau de l'eau du puits, jusqu'à ce que le poids de l'eau montée dans ce tuyau, et la tension de l'air dilaté contenu dans ce même tuyau, fassent ensemble équilibre à la pression de l'air extérieur, absolument comme deux plateaux de balance, qui se trouvant chargés d'un même poids de chaque côté. Si l'on vient à ôter du poids d'un côté, l'équilibre est détruit. Lorsqu'on abaisse le piston de nouveau, la soupape fixe S se fermera, celle Z du piston s'ouvrira, et le piston en descendant dans le corps de pompe, forcera l'air déjà dilaté qui s'y trouve contenu, à passer à travers la soupape Z du piston. Dès que le piston remontera, la soupape Z se fermera ; car la tension de l'air qui agit sur sa surface supérieure, qui est celle de l'atmosphère, est plus forte que celle de l'air dilaté contenu dans le tuyau d'aspiration qui agit sur sa surface intérieure. L'air qui reste contenu dans le tuyau d'aspiration viendra encore remplir le corps de pompe, ce qui diminuera toujours sa tension et fera monter encore l'eau du puits plus haut dans le tuyau d'aspiration. Si nous supposons le corps de pompe placé à 5 mètres au-dessus du niveau de l'eau du puits, et que la pression de l'air atmosphérique soit capable de faire équilibre à une colonne d'eau de 10 mètres de hauteur (n° 7), on voit que dès que la tension de l'air dans le tuyau d'aspiration sera réduite à moitié de celle de l'air atmosphérique, l'eau arrivera au corps de pompe et le remplira. On dit alors que la pompe est amorcée. En continuant à pomper, l'eau passera à travers la soupape du piston quand il descendra (la soupape S étant toujours fermée quand le piston descend), et quand le piston montera, sa soupape se fermera. L'eau qui est au-dessus se trouvera élevée, et l'eau contenue dans le tuyau d'aspiration pendant ce temps, forcée par la pression atmosphérique, ouvre la soupape **S** et entre dans le corps de pompe. En continuant à pomper, l'eau monte toujours dans le tuyau qui est au-dessus du piston, jusqu'à ce qu'elle vienne couler par le tuyau de décharge O à la hauteur que l'on désire.

Nous avons vu (n° 7) que le poids de l'air de l'atmosphère faisait équilibre à une colonne d'eau de 10 mètres de hauteur, on conçoit donc que si le corps de pompe où se meut le piston, pour faire le vide dans le tuyau d'aspiration, était placé à plus de 10 mètres au-dessus du niveau de l'eau, l'eau ne pourrait pas atteindre jusqu'au corps de pompe. Vu l'imperfection des pompes, surtout lorsqu'elles fonctionnent depuis longtemps, on fera bien de ne pas mettre le corps de pompe à plus de 6 mètres au-dessus du niveau de l'eau, sans oublier surtout de prendre en considération les variations du niveau de l'eau dans le puits où on la puise.

Mais une chose très-essentielle à observer, c'est qu'il faut que la course du piston soit telle qu'il vienne s'appliquer le plus près possible sur la soupape fixe, sans quoi on aurait une mauvaise pompe.

(11) La pompe foulante ne diffère de la pompe

aspirante qu'en ce qu'elle refoule l'eau dans un tube placé à côté de celui du corps de pompe.

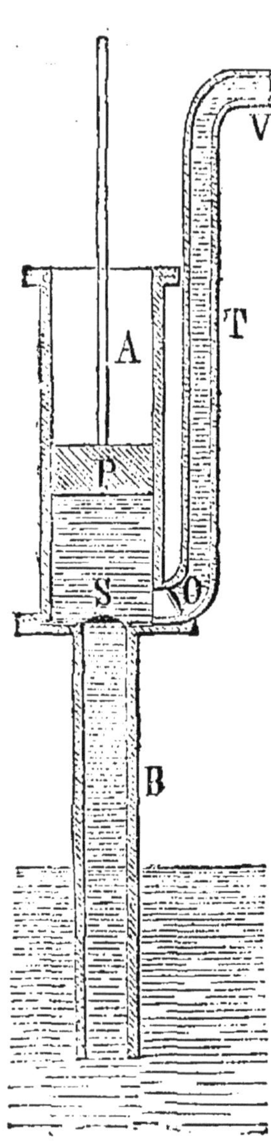

Fig. 7.

On la construit ordinairement de la manière suivante (fig. 7) : P représente un piston qui se meut par les moyens ordinaires, dans le corps de pompe A. Ce piston au lieu d'être creux et muni d'une soupape, comme dans la pompe aspirante, est plein et n'a pas de soupape. Lorsqu'on le fait mouvoir en montant, il agit de la même manière que dans la pompe aspirante, et l'eau s'introduit dans le corps de pompe, par la soupape S ; mais lorsqu'il redescend, l'eau ne pouvant passer à travers, il la foule dans le tuyau T qui est muni d'une soupape O à sa partie inférieure qui s'ouvre du dedans au dehors, de manière que quand le piston monte, cette soupape O se ferme, et la soupape S s'ouvre. Quand le piston descend, la soupape S se ferme et la soupape O s'ouvre. Comme on le voit dans la pompe foulante, l'eau monte quand le piston monte et lorsqu'il descend, tandis que dans la pompe aspirante, l'eau ne monte que quand le piston monte et pas quand il descend.

Il arrive souvent que lorsque la pompe n'est pas en bon état, on ne peut parvenir à l'amorcer. Si cela tient au jeu ou à l'usure du piston, on peut s'aider dans ce cas, en jetant assez d'eau au-dessus du piston pour le recouvrir, afin d'empêcher l'air extérieur de s'introduire dans le corps de pompe.

(12) Les pompes foulantes destinées à alimenter les chaudières des machines à vapeur, sont ordinairement disposées de la manière suivante (fig. 8) : P représente un piston plein, consistant en une tige de fer cylindrique qui se meut dans un corps de pompe G, qui a un diamètre un

peu plus grand que le piston. La boîte à étoupes B a pour but d'empêcher l'air d'entrer dans

Fig. 8.

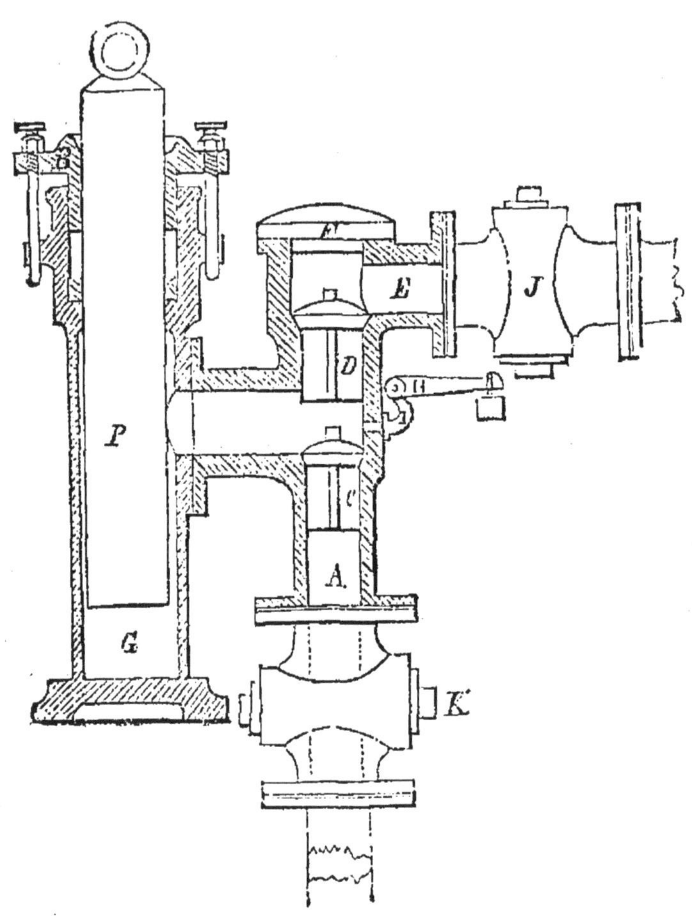

le corps de pompe et l'eau d'en sortir autour du piston. Quand le piston s'élève, la soupape C s'ouvre et la soupape D se ferme, l'eau entre par le tuyau A, et s'introduit dans le corps de pompe G. Lorsque le piston s'abaisse, l'eau est refoulée par le tuyau qui se trouve au-dessus de la soupape C, force la soupape D à s'ouvrir, et va par le tuyau E dans la chaudière. H représente un bras de levier fixé à une soupape de sûreté I, elle a pour but d'éviter les accidents. Voici dans quel cas elle est destinée à fonctionner.

Les deux tuyaux A et E, sont munis chacun d'un robinet ; le robinet K étant fermé, l'eau ne peut plus s'introduire dans le corps de pompe, le piston peut marcher sans introduire d'eau dans la chaudière et l'on peut fermer le robinet J sans inconvénient, ce qui permet de visiter les soupapes en ôtant le couvercle F, bien que le piston marche, si le robinet J était ouvert, et que l'on veuille visiter les soupapes par le couvercle F, l'eau bouillante de la chaudière, comprimée par une pression ordinairement de plusieurs atmosphères, viendrait par le tuyau E jaillir par l'ouverture du couvercle F, et abîmerait la personne qui aurait commis cette imprudence. Si, au contraire, le robinet J se trouvait fermé par inadvertance, avant que le robinet K n'ait été fermé, la machine marchant il faudrait que quelque chose fût brisé ; car l'eau entrée dans le corps de pompe, ne trouvant plus d'issue lorsqu'elle serait refoulée à la première descente du piston, il y aurait forcément un accident. Quand la tige du piston de cette pompe est longue, ce qui a ordinairement lieu dans les machines à balancier, c'est le plus souvent elle qui plie. C'est l'accident le moins grave qui puisse en résulter.

Le but de la soupape I est de faire éviter cet accident. Le tuyau E se trouvant fermé et le tuyau A ouvert, la soupape I doit se lever en donnant passage à l'eau, lorsque dans la pompe la pression devient supérieure à celle qui est nécessaire pour que l'eau soit injectée dans la chaudière.

En général, les pompes jouent un rôle très-important dans les machines à vapeur. Le dérangement d'une pompe peut forcer à arrêter la machine. Dans bien des localités, pour alimenter les machines à vapeur, on est obligé d'aller puiser de l'eau à de grandes profondeurs, et la moindre réparation oblige à descendre dans des puits, qui sont quelquefois très-profonds. C'est pourquoi on ne saurait donner trop de soins à la bonne disposition des pompes qui servent aux machines à vapeur. On doit surtout en rendre la visite commode, afin de pouvoir les remettre en bon état le plus promptement et facilement possible. Si donc une pompe ne fonctionne pas, les causes qui peuvent y contribuer ne peuvent être que les suivantes : 1° le piston ne fonctionnant plus bien et laisse passer de l'air dans le corps de pompe; 2° soupapes ne fonctionnant pas, soit pour cause d'un corps étranger qui s'y serait introduit, et qui en empêcherait le jeu ; 3° une fissure dans le tuyau d'aspiration, c'est-à-dire celui qui est sous le corps de pompe, laissant entrer de l'air extérieur, et empêcher par là le vide de se faire dans ce corps.

DU CALORIQUE.

(13) Le nom de calorique est donné à l'agent qui s'échappe d'un corps chaud, c'est par conséquent la cause de la chaleur. On peut concevoir le calorique comme étant produit par des vibrations. Il passe à travers tous les corps, on ne peut, par conséquent, le renfermer dans aucun ; il est susceptible de se combiner avec les corps, par les moyens qui sont à notre disposition ; il n'a pas de pesanteur : un boulet rouge ne change pas de poids, lorsqu'il est refroidi ; il a beaucoup d'analogie avec la lumière ; il s'échappe des corps dans toutes les directions.

L'intensité des rayons caloriques est réciproque aux carrés des distances, c'est-à-dire, par exemple, qu'un corps étant placé à un mètre de distance d'un boulet rouge, reçoit une quantité de calorique que l'on exprime par I. A deux mètres, il n'en reçoit plus qu'un 1/4, à 3 mètres plus que 1/9.

(14) Cette observation doit faire comprendre la supériorité des chaudières tubulaires, et l'avantage qu'il y a à ne pas trop éloigner les chaudières ordinaires du foyer, sauf à concilier les autres conditions.

Le calorique se meut avec une vitesse énorme, il a la propriété de se réfléchir comme la lumière, en faisant l'angle d'incidence égal à l'angle de réflexion, c'est-à-dire qui si un rayon calorique (fig. 9), partant du point A est projeté en D sur une surface plane CC, en faisant

Fig. 9.

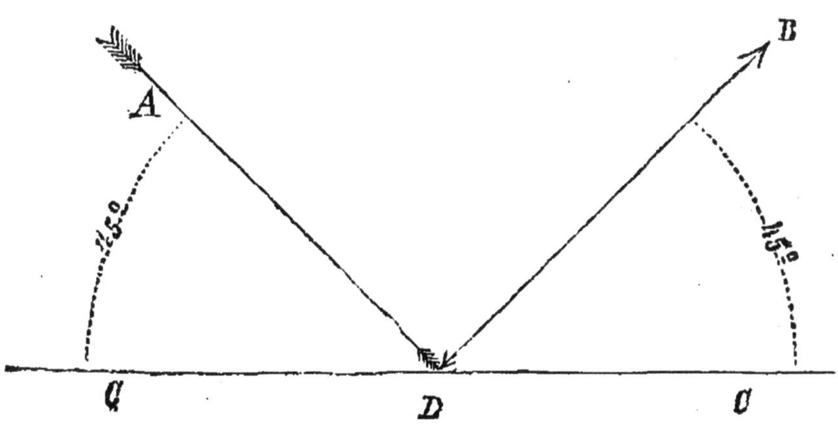

un angle de 45°, il repartira dans la direction B, en faisant le même angle.

(15) Je vous disais qu'il se comportait comme la lumière. Ainsi, quand vous mettez un réflecteur à une lampe, c'est pour renvoyer dans une certaine direction ou un certain point, la lumière qui a été projetée sur ce réflecteur. Si c'était du calorique, il se comporterait de même. C'est ainsi qu'un boulet rouge, mis au foyer d'un réflecteur convenablement disposé, on peut allumer de l'amadou à 18 mètres de distance de ce boulet, en mettant l'amadou au foyer d'un second réflecteur convenablement disposé.

La même chose se passe lorsqu'il y a du soleil ; vous allumez de l'amadou au foyer d'une loupe, convenablement disposée.

(16) L'air n'empêche pas les rayons du calorique, il passe à travers comme s'il n'existait pas.

(17) On considère tous les corps, comme rayonnant du calorique, même dans un état d'égale température. Dans ce cas, ils en émettent autant qu'ils en reçoivent. Si un corps

chaud est mis auprès d'autres corps moins chauds que lui, l'échange du calorique n'est plus égal, le corps chaud en envoie plus qu'il n'en reçoit des autres, et cela jusqu'à ce que l'équilibre soit rétabli. Un corps que nous appelons froid, doit être considéré comme étant moins chaud.

(18) Un corps n'est chauffé par le calorique que d'autant qu'il en absorbe ; car s'il pouvait renvoyer tous les rayons caloriques, il ne s'échaufferait pas. Les corps polis, brillants, absorbent très-peu de calorique et le renvoient presque tous ; c'est pour cette raison que l'on a tant de peine à faire bouillir de l'eau, dans une cafetière métallique, neuve et bien polie. Le calorique ne pouvant s'y fixer qu'en très-petite quantité, n'a par conséquent que très-peu d'effet sur le liquide. Par la même raison, une fois que le liquide est échauffé, il est très-longtemps à se refroidir ; mais si la cafetière n'est pas polie, si elle est noircie, par exemple, l'eau y bout très-vite et s'y refroidit également très-vite.

(19) On sait que les corps noirs laissent passer très-facilement le calorique. Lorsque l'on fait passer de la vapeur à travers des tuyaux en fonte, qui sont naturellement noirs, on perd énormément de chaleur; si ces mêmes tuyaux étaient en cuivre poli, ou seulement recouverts d'une feuille très-mince de cuivre poli, la perte du calorique serait 10 fois moindre qu'avec de la fonte.

Les corps végétaux, les laines, etc., etc., sont aussi de très-mauvais conducteurs du calorique; aussi, voit-on souvent, dans le but de diminuer la perte de calorique, des tuyaux de fonte où circule la vapeur, enveloppés avec des tortillons de foin ou de paille ou avec des lisières de drap.

(20) On a reconnu aussi, comme très-bon préservatif, un mastic composé de terre argileuse, de poils d'animaux et de farine de colza. Cette préparation très-recommandable peut s'appliquer avec la truelle. En 1845, M. Pimont avait pris un brevet pour cet enduit.

(21) Lorsque le calorique est accumulé dans un corps, il en augmente les dimensions, c'est ce qu'on appelle la dilatation.

Si nous considérons les corps comme composés d'atomes, nous voyons que le calorique a principalement pour objet d'écarter les atomes des corps ; dans beaucoup de cas, il peut faire affecter l'état de vapeur.

(22) La dilatation des corps est mise très-souvent à profit dans l'industrie : vous voyez le forgeron chauffer les cercles de fer des roues de voiture avant de les poser en place. Le cercle de fer s'étant agrandi juste de manière à permettre à la roue d'entrer dedans, lorsqu'il se refroidit, il diminue de grandeur et la serre très-fortement. Les frettes sont souvent mises à chaud par les mêmes raisons, effet qu'il serait très-difficile d'obtenir sans cette propriété.

(23) Les physiciens ont fait beaucoup d'instruments, auxquels ils ont donné le nom de thermomètres, qui ont pour but de mesurer l'intensité de la chaleur.

Un des plus usités est le thermomètre à mercure (fig. 10), il se compose d'un tube de verre creux d'un très-petit diamètre et qui se termine à son extrémité inférieure par une boule, ou par un cylindre allongé. On remplit cette boule ou cylindre de mercure, jusqu'à ce qu'il arrive à une hauteur convenable dans le petit tube de verre. Pour le graduer, on le plonge dans la glace fondante (mélange d'eau et de glace), on fait un trait sur le tube à l'endroit où le mercure s'arrête, et on marque 0 à cet endroit. Ensuite, on le place dans de l'eau pure et bouillante, sous une pression de 0,76.

Fig. 10.

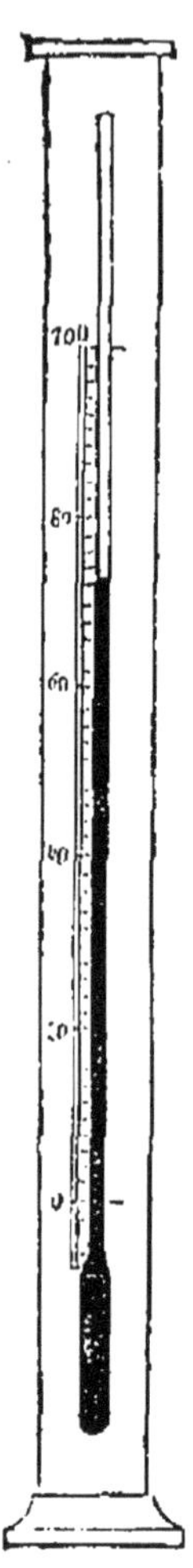

Le mercure par sa dilatation monte dans le petit tube à une certaine hauteur, qui est fixée pour cette température. On marque 100 à l'endroit où le mercure s'arrête.

On divise ensuite l'espace entre 0 et 100 en 100 parties, dont chacune représente un degré.

La construction de cet instrument, pour être très-bonne, doit être faite avec certaines précautions, dont je n'ai pas parlé, et qui se trouvent indiquées dans presque tous les traités de physique.

Dans un tel instrument, lorsque le mercure augmente de volume par l'action de la chaleur, cette augmentation devient très-sensible dans le petit tube de verre dont le mercure est en communication avec celui contenu dans la boule.

Le mercure ne bout qu'à environ 350° au-dessus de zéro, et comme il ne devient solide que vers 30 degrés au-dessous de zéro, on peut également en continuer la division, jusqu'aux environs de ces chiffres.

Au-dessous de zéro, on divise le thermomètre de la même manière qu'au-dessus, c'est-à-dire que l'on marque : 1° sur la première division en dessous de zéro ; 2° sur la deuxième division en dessous de zéro, et ainsi de suite. Tous les degrés indiquant des températures au-dessus de zéro sont indiqués par le signe +

et ceux indiquant des degrés au-dessous de zéro sont indiqués par le signe —.

(24) Une barre de fer qui aurait un mètre de longueur à 0° serait à 100°, d'un millimètre deux dixièmes plus longue.

La dilatation qu'éprouvent les métaux est proportionnelle depuis zéro jusqu'à 100°, c'est-à-dire qu'ils augmentent autant de 0° à 10° que de 10° à 20°, mais il n'en est plus de même au-dessus de 100°.

(25) L'air se comporte autrement, si on a, par exemple, 267 décimètres cubes d'air à 0° sous une même pression, à + 1° l'espace occupé par cet air sera de 268 décimètres cubes, à + 2° de 269 décimètres cubes, on voit que l'augmentation est toujours de 1/267 du volume qu'il occupait à 0° et pas de 1/267 des volumes qu'il occupe successivement. L'air échauffé est donc moins dilatable que l'air froid.

DU CALORIQUE SPÉCIFIQUE.

(26) Il faut bien se rendre compte qu'un thermomètre ne fait pas connaître la quantité de calorique contenu dans un corps, mais seulement l'entensité du colorique, que ce corps lui communique. On appelle calorique spécifique, la quantité de chaleur que les corps prennent sous un même poids, pour passer d'une température à une autre. On remarque que cette quantité n'est pas la même ; ainsi, pour élever un kilog. d'eau à + 100°, la quantité de calorique absorbé par le kilogramme d'eau ne sera pas la même que celle qu'il faudra pour élever un kilogramme de mercure à la même température. Il en est de même bien entendu de la perte du calorique, que les différents corps feraient en s'abaissant de température. Si l'on fait un mélange d'un kilogramme d'eau à + 10° avec un kilogr. d'eau à + 72°, le mélange se trouve à la température moyenne de + 41°, tandis que si on mélange un kilogramme d'eau à + 10° avec un kilogramme de mercure à +

72°, on a un mélange à + 12° seulement ; on voit par là que l'eau a gagné 2° et que le mercure en a perdu 60°. L'eau n'a pu prendre que ce que le mercure a perdu. La quantité de calorique qui élève l'eau à 1° élève le mercure à 30°, donc le calorique spécifique du mercure est 30 fois moindre que celui de l'eau.

On appelle calorie la quantité de chaleur nécessaire pour élever un kilogramme d'eau d'un degré.

(27) Le calorique spécifique de l'air est très-faible ; à égalité de poids, l'air absorbe à pression constante moins du quart de la quantité de chaleur qui serait nécessaire pour élever le même poids d'eau d'un égal nombre de degrés.

773 litres ou décimètres cubes d'air, à la pression de 0,76 pèsent 1 kilog., donc pour élever un mètre cube d'air d'une certaine quantité de degrés, il ne faudra pas plus de calo-

rique que pour élever 322 grammes d'eau d'une même quantité de degrés.

Cette observation fait voir combien l'air est mauvais pour échauffer d'autres corps ; c'est pour cette raison qu'un corps chaud se refroidit lentement dans l'air, à cause de son peu de capacité pour le calorique, et qu'il se refroidit vite dans l'eau par la raison contraire.

(28) Un homme peut rester dans de l'air à + 200°, lorsque cet air n'est pas agité, parce que le peu de calorique que l'air renferme peut être absorbé par l'épiderme de la peau sans brûler ; il n'en serait plus de même si l'homme était exposé dans un courant d'air à cette température ; car l'air chaud venant continuellement en contact avec le corps, le mettrait très-vite à sa température ; c'est la même cause qui fait que, lorsqu'on est en plein air, le thermomètre marquant — 5°, si le temps est calme, on ne souffre pas du froid, mais avec cette même température et du vent, on souffre au contraire beaucoup.

DU CALORIQUE LATENT.

(29) Dans les changements que les corps éprouvent, en passant de l'état solide à l'état liquide, on trouve qu'ils absorbent une certaine quantité de calorique.

Si on met de la glace dans un vase, et que l'on expose ce vase à un feu très-ardent, en mettant un thermomètre dans l'eau de fusion produite par la glace, on voit que tant qu'il reste de la glace à fondre dans le vase, le thermomètre reste à 0°, il faut donc, dans ce cas, que la chaleur produite soit absorbée tout entière par la glace, pour que celle-ci passe à l'état liquide.

Si on mêle 1 kilogramme de glace à 0° avec un kilogramme d'eau à + 100°, quand toute la glace est fondue, le mélange est à + 12° 5 ; donc il a fallu à 1 kilogramme de glace à 0° pour devenir liquide, la quantité de chaleur qu'il faut pour élever 1 kilogramme d'eau de 0° à + 75° (ou ce qui est la même chose 75 calories).

Si au lieu de glace, nous avons eu de l'eau, pour élever ce kilogramme d'eau de 0° à 12° 5, il n'aurait fallu que 12° 5 calorics, et on n'aurait donc eu besoin que de 1 kilogramme d'eau à 25°, qui, mélangé avec le kilogramme d'eau à 0°, aurait donné un mélange à 12° 5. En résumé, si on mêle 1 kilogramme d'eau à + 75° avec 1 kilogramme de glace à 0°, quand toute la glace est fondue, le mélange est à 0°.

Pour qu'un kilogramme d'eau puisse geler, il faut de même qu'il perde 75 calories.

(30) Remarquons que le thermomètre n'indique pas de changement pour de l'eau à 0°, ou de la glace à 0°, c'est pourquoi on appelle ce calorique, caché ou latents.

C'est pour cette raison qu'aprè l'hiver, on voit souvent de la glace rester si longtemps sans se fondre, bien que la températ re soit à + 8 à 10°, parce que pour que la glace se fonde, il lui faut beaucoup de calorique, et qu'entourée d'air, dont le calorique spécifique est très-faible, il ne peut lui en fournir que très-peu. Quand il pleut, on conçoit que la fonte des neiges se fasse beaucoup plus vite.

Lorsque les corps passent de l'état liquide à l'état gazeux ou de vapeur, on trouve qu'ils absorbent aussi du calorique.

(31) Si dans un vase rempli d'eau, exposé sur le feu, on plonge un thermomètre, et qu'au commencement il indique + 10°, je suppose, on voit que le thermomètre monte toujours avec l'augmentation de température de l'eau ; mais dès que l'eau entre en ébullition, le thermomètre reste stationnaire à environ 100°, quel que soit le feu que l'on fasse, et cela tant qu'il restera de l'eau dans le vase. Si nous mettons le thermomètre dans la vapeur de cette eau qui bout, il reste également au même degré.

(32) La vapeur a toujours la même température que la partie supérieure du liquide dont elle se dégage.

Si on fait arriver 1 kilogramme de vapeur

d'eau à + 100°, en la conduisant par un tuyau dans un vase contenant 5^{k},36 d'eau à 0°, lorsque toute la vapeur s'est condensée, on trouve 6^{k},36 d'eau à + 100°, température de l'ébullition.

(33) On voit donc que 1 kilogramme de vapeur, en se liquéfiant, laisse dégager assez de chaleur pour porter 5^{k},36 d'eau à 0° à la température de + 100°. Cette chaleur était donc cachée, puisque le thermomètre ne l'indiquait pas. Cela fait concevoir pourquoi il faut tant de temps pour évaporer l'eau ; c'est à cause de la grande quantité de chaleur que l'on est obligé de communiquer à l'eau pour que la formation de la vapeur puisse avoir lieu.

(34) On voit aussi par là pourquoi il faut une si grande quantité d'eau pour les machines à vapeur à condensation, et l'on sait qu'il y a presque toujours avantage à condenser à basse température, soit à de + 25° à 30°.

(35) Dans un condenseur de machine à vapeur, pour voir la quantité d'eau nécessaire pour condenser 1 kilogramme de vapeur et amener l'eau de condensation à la température voulue, il faut connaître la température de l'eau qui entre dans le condenseur ; supposons que cette eau soit à + 10°, et que l'on veuille qu'en sortant du condenseur elle ne soit pas à plus de 30°, de 10 à 30, il y a une différence de 20° (ou calories); donc, dans ce cas, en divisant 636 par 20 (636 représentent ici la quantité de chaleur ou de calories contenue dans 1 kilogramme de vapeur), on aura le nombre de litres ou kilogrammes d'eau nécessaires, qui serait ici de 31,5.

Ce calcul approximatif sera très-suffisant pour la pratique, on peut même négliger le peu d'eau qu'exige en plus la condensation de la vapeur à plus de 100°, qui, théoriquement dans les limites de température où l'on emploie la vapeur, ne dépasse pas 2 à 3 kilogrammes d'eau. Cette petite augmentation est d'ailleurs compensée par les pertes de chaleur dues au rayonnement du condenseur [1].

(36) Les chauffeurs ne sont point chargés de déterminer la quantité d'eau nécessaire pour la condensation d'une machine à vapeur, mais le chauffeur intelligent peut se servir des indications qui précèdent pour savoir si sa machine ne consomme pas plus de vapeur qu'elle ne le doit ; car sachant combien d'eau il sort de son condenseur pendant une minute, et connaissant la température de l'eau avant qu'elle entre dans le condenseur, et celle qu'elle a en sortant, il lui sera facile de s'éclairer sur ces questions, surtout s'il peut établir des points de comparaison, lorsque sa machine marchait à l'état normal, le travail de la machine étant le même.

---

[1] Pour renseignement plus précis, voyez *Mécanique pratique des machines à vapeur*, par A. Morin et H. Tresca (page 102).

DE L'EAU.

(37) L'eau pure est un corps composé de deux gaz, oxygène et hydrogène, dans la proportion de deux volumes d'hydrogène et d'un volume d'oxygène. Ces deux gaz sont invisibles comme l'air, et la vapeur d'eau est également invisible. L'eau peut se présenter à nous sous la forme solide (glace), liquide (eau) et gazeuse (vapeur).

Le décimètre cube d'eau pure, à + 4 degrés, qui est son maximum de densité, pèse 1 kilog., c'est le volume du litre. Il est souvent plus commode dans les usines de peser l'eau que de la mesurer ; chaque kilogramme d'eau représentant le litre et réciproquement.

L'eau dont on se sert pour les besoins ordinaires de la vie, et que la nature a mis si largement à notre disposition, contient malgré sa limpidité, presque toujours des matières étrangères, soit en dissolution, soit en suspension, ce sont ces matières, du moins celles qui sont fixes, c'est-à-dire qui ne peuvent pas s'en aller en vapeur comme l'eau, qui, après l'évaporation, forment les dépôts si nuisibles dans les chaudières. Chaque fois que l'on alimente une chaudière à vapeur, on y introduit une nouvelle quantité de matières fixes, qui y restent.

L'eau de mer contient environ 3,30 0/0 de matières minérales.

Pour les eaux de sources et de rivières, le résidu qu'un litre évaporé peut laisser, varie de 3 grammes à 0,13 grammes.

Les eaux de rivières sont généralement bonnes, surtout lorsqu'elles ne présentent pas l'inconvénient de se troubler trop souvent. Enfin, il y a certaines localités, où les eaux de puits sont très-bonnes et d'autres où elles sont très-mauvaises ; sous bien des rapports, c'est un bien grand avantage, lorqu'on peut se procurer de bonnes eaux et en abondance, pour l'alimentation des chaudières. Du reste, il est facile de savoir à quoi s'en tenir à cet égard. Si on en fait évaporer 100 litres, par exemple, on voit par la nature et la quantité du résidu, la qualité de l'eau. Les eaux qui produisent des flocons insolubles, lorsque l'on savonne avec, indiquent la présence de substances minérales.

Enfin, les eaux contiennent aussi à peu près les 3/100 de leur volume d'air, et souvent aussi de l'acide carbonique.

DE LA VAPEUR D'EAU.

(38) Ainsi que nous l'avons déjà dit (31), lorsque l'on fait du feu sous une chaudière ouverte contenant de l'eau, cette eau bout après un certain temps, si l'on entretient le feu assez longtemps, de manière à ce que l'ébullition continue, il finit par ne plus rester d'eau dans la chaudière, elle est partie à l'état de vapeur.

(39) L'ébullition est due à de l'eau qui, en passant à l'état de vapeur, sort de l'eau où elle s'est formée. Pour que cette vapeur puisse

sortir de l'eau où elle s'est formée, il faut que sa force élastique soit un peu plus forte que la pression qui lui est opposée, sans quoi elle ne pourrait se dégager, ni même se former : sous une pression de 0,76 l'eau bout à 100° ; si la pression était moindre, l'eau bouillerait à une température inférieure.

Il y a autant de degrés d'ébullition que de pression. On peut faire bouillir de l'eau à 0°, dans le vide, sous une pression de 5 atmosphères, l'eau bout à très-peu près à 163°.

(40) La vapeur qui se dégage d'un liquide a constamment la température de la couche supérieure de ce liquide.

(41) Si au lieu de laisser ouverte la chaudière dans laquelle on fait bouillir l'eau, en supposant que cette chaudière à moitié remplie d'eau, soit parfaitement fermée, de manière que la vapeur ne puisse s'en échapper. Et si on fait un feu vif et continu sous cette chaudière, la tension de la vapeur devient telle qu'elle finit par occa-

sionner une explosion terrible, identiquement comme si cette chaudière étant remplie de poudre, on y avait mis le feu.

On comprend donc l'importance qu'il y a à connaître l'effort que la chaudière peut supporter sans aucun danger. C'est dans ce but qu'on lui fait subir une épreuve avant de s'en servir. Il est donc bien indispensable de connaître la tension de la vapeur, afin de ne pas la dépasser, ce qui serait très-dangereux.

Voyez le tableau p. 208 (extrait du *Carnet de l'Ingénieur*), il indique la tension de la vapeur en atmosphères, en millimètres de hauteur de mercure, en kilog. par centimètres carrés, les températures correspondantes aux différentes pressions, les volumes en litres d'un kilog. de vapeur, ainsi que le poids d'un mètre cube de vapeur.

On y voit que la force élastique de la vapeur croît dans un rapport bien plus considérable que la température.

Ainsi une fois :

à 100°	on a	1	atmosphère			
120	—	2	—	différence	20°	
134	—	3	—	idem	14	
144	—	4	—	idem	10	
152	—	5	—	idem	8	
159	—	6	—	idem	7	
165	—	7	—	idem	6	

Il faut bien remarquer que dans les machines à vapeur, lorsque l'on travaille à haute pression, ce qui est du reste avantageux, il ne faut plus que 6° de température en plus, pour que la tension de la vapeur passe de 6 atmosphères à 7. Cela demande plus de soins de la part du chauffeur, surtout pendant les temps d'arrêt.

La vapeur d'eau est invisible comme l'air. Les vapeurs blanches que l'on voit sortir des chaudières ouvertes où l'on fait bouillir l'eau, de même que celles que l'on voit sortir des cheminées de locomotives, ne sont plus à l'état de de vapeur, c'est un mélange d'eau et de vapeur vésiculaire analogue au brouillard ; quand la vapeur est en communication avec l'eau qui l'a produite, pour une température donnée, l'espace qu'elle occupe, ne peut jamais contenir qu'une certaine quantité de vapeur par mètre cube ; cette quantité varie avec la température.

Plus elle est élevée, plus un même espace peut contenir de vapeur.

(Voyez le tableau p. 208). Un litre d'eau mis en vapeur à la température de 100° sous une pression de 0, 76, occupe à très-peu près 1700 fois son volume. Dans une chaudière à vapeur, à moitié pleine d'eau à 134°, et admettant que l'espace occupé par les vapeurs soit de 5 mètres cubes, si on réduisait l'espace occupé par la va peur à 1 mètre cube, ce mètre cube ne contiendrait pas plus de vapeur qu'il n'en contenait quand l'espace occupé par la vapeur était de 5 mètres ; c'est ce que l'on appelle de la vapeur saturée.

Pour une même température, quand un espace est rempli par de la vapeur saturée, si cet espace vient à diminuer, une certaine quantité de vapeur repasse à l'état liquide ; s'il vient à augmenter, une certaine quantité d'eau passe à l'état de vapeur, si toutefois le calorique nécessaire peut lui être fourni.

(29) Mais si dans un cylindre de machine à vapeur, on ne laisse entrer la vapeur que pendant la moitié de la course du piston, cette vapeur, qui se trouve sans communication avec la chaudière, est enfermée dans la moitié du cylindre, si la température ne change pas, elle agira sur le piston, comme le ferait de l'air, et pourra occuper 5, 6 fois le volume qu'elle occupait dans la chaudière. Dans ce cas, ce ne serait plus de la vapeur saturée, mais détendue, et elle pourrait encore être ramenée à n'occuper que la moitié de l'espace du cylindre sans se condenser, c'est-à-dire jusqu'au point de saturation. Mais si ce dernier espace venait à diminuer, une certaine quantité de vapeur passerait à l'état liquide.

Le calcul et l'expérience ont prouvé qu'il était très-avantageux, dans l'emploi de la vapeur pour les machines, d'en utiliser la détente.

Si on a bien compris ce qui précède, on jugera combien il est avantageux, pour utiliser la détente de la vapeur, d'envelopper les cylindres et leurs couvercles d'un espace annulaire, avec lequel la vapeur de la chaudière est en communication.

Cela, pour pouvoir conserver à la vapeur qui se détend dans le cylindre sa température primitive ; car quand la vapeur se détend, sa température s'abaisse.

Lorsque la vapeur sort des chaudières, pour aller agir sur le piston, il arrive presque toujours qu'elle entraîne de l'eau avec elle, on dit alors que la vapeur est humide.

Si on prend de la vapeur saturée, sans communication avec le liquide qui l'a fournie et qu'on la chauffe au delà de la température qu'elle avait, on dit que c'est de la vapeur surchauffée et alors cette vapeur se dilate, selon la loi des gaz (9); on peut donc avoir de la vapeur, quoiqu'à haute pression, qui soit saturée et humide, saturée sèche, surchauffée, et détendue.

La vapeur s'écoule avec une vitesse énorme.

Si on a un mélange d'air et de vapeur, la tension du mélange est égale à la tension des deux fluides.

Enfin, on admet qu'un espace vide ou bien rempli d'air, peut contenir la même quantité de vapeur ; toutefois, la vapeur demande un certain temps ponr saturer un espace rempli d'air ; ce qui se fait très-bien remarquer dans les chauffages à vapeur, lorsqu'on y introduit la vapeur, sans donner issue à l'air contenu dans les tuyaux ; quand l'air a une issue, la vapeur le chasse.

(42) Relativement aux moyens employés pour connaître la force ou tension de la vapeur dans une chaudière, voici ceux le plus en usage :

On sait d'abord d'une manière très-positive, que pour une température donnée, la force de la vapeur est constante, cela est sans exception.

Donc il est évident qu'en introduisant le réservoir d'un thermomètre dans une chaudière, et en laissant la division en dehors, on aurait la température de la vapeur et, par conséquent, sa tension. Mais pour l'usage, ce moyen est peu praticable.

MANOMÈTRES.

Ce sont les appareils qui servent à indiquer la pression de la vapeur dans les chaudières ; en France, d'après les règlements, chaque chaudière doit être munie d'un manomètre et de 2 soupapes de sûreté ; si plusieurs chaudières sont en communication, un seul manomètre suffit. Il faut observer que les manomètres qui ne sont pas à air libre, ne sauraient empêcher les explosions, tandis que les soupapes de sûreté ont surtout pour but de ne pas permettre à la vapeur de dépasser une certaine pression, dès qu'elle l'a atteinte, en lui laissant une issue pour s'échapper de la chaudière, ce qui empêche presque toujours la tension d'augmenter.

Il existe plusieurs dispositions de manomètres. Une des meilleures, lorsque les circonstances permettent de l'employer, est celle du manomètre à air libre.

Cet appareil (fig. 11) se compose généralement d'un tube en fer, bien calibré de 15 à

20 millimètres de diamètre intérieur, recourbé en siphon, l'extrémité A est en communication avec la chaudière, les deux branches de ce tube sont remplies de mercure jusqu'à une certaine hauteur. Un petit cylindre en fer X, d'environ 3 centimètres de longueur et d'un diamètre d'à peu près 3 millimètres moindre que celui du tube, vient reposer sur le mercure contenu dans la grande branche; il est muni à sa partie supérieure d'un petit anneau auquel on fixe une ficelle, qui va passer sur la poulie B, et redescend le long du tube; à l'extrémité de la ficelle, est fixé un petit indicateur assez lourd seulement pour la tendre très-peu. Tout cet appareil est ordinairement fixé sur une longue planche sur

Fig. 11.

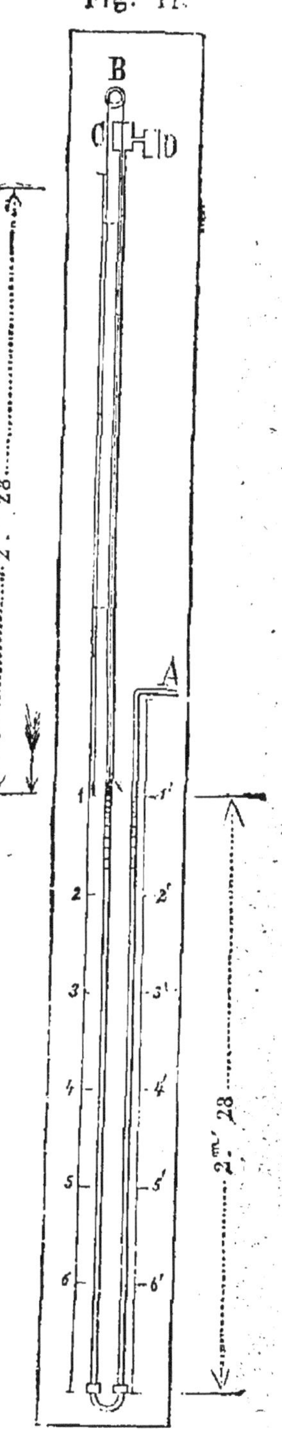

laquelle on divise l'échelle de la manière suivante. Nous admettons que les branches du siphon sont emplies de mercure jusqu'au n° 1. (Il n'est nullement nécessaire que l'indicateur corresponde au trait n° 1.) A 38 centimètres en dessous du n° 1, on fait un trait où l'on inscrit n° 2, et ainsi de suite selon le nombre d'atmosphères que doit indiquer le manomètre, et enfin on divise encore ordinairement les intervalles entre atmosphères en quart d'atmosphères, ce qui donne des divisions de 9 centimètres et 5 millimètres.

Tant que la tension de la vapeur dans la chaudière ne dépassera pas une atmosphère, l'indicateur restera fixe, mais dès que cette tension sera dépassée, sa force sera suffisante pour faire varier le niveau du mercure des deux branches. Quand la vapeur aura forcé le mercure contenu dans la petite branche à descendre de 38 centimètres, ce qui correspond au n° 2, le mercure sera monté de la même quantité dans la grande branche du siphon ; ce qui donnera une différence de 0^m,76 centimètres entre les niveaux du mercure contenu dans les deux branches, et l'indicateur baissera jusqu'au n° 2, car le petit cylindre en fer X flottant à la surface du mercure, en suit les oscillations : mais quand le mercure monte dans cette branche, l'indicateur descend d'autant.

On conçoit que si le manomètre doit indiquer jusqu'à 6 atmosphères, par exemple, le tube A devra avoir au moins une longueur de 6 fois 38 centimètres ou $2^{m},28$ depuis sa courbure d'en bas jusqu'au n° 1, et que le grand tube devra avoir au moins une longueur double en hauteur.

L'extrémité du grand tube, se termine par un petit réservoir C, qui est en communication avec l'autre petit réservoir D ; cette disposition a pour but de recueillir le mercure dans le réservoir D, dans le cas où la pression de la vapeur dépasserait les prévisions.

Il est convenable que la longueur du petit tube en ligne droite dépasse de 38 centimètres le n° 1, qui est le niveau du mercure avant la courbure A qui communique à la chaudière, car le vide peut se faire dans les chaudières, et sans cette précaution, le mercure pourait y être entraîné.

Le tube A doit être muni d'un robinet qui doit toujours rester ouvert, à moins de réparation, si par oubli on l'ouvrait quand la vapeur a une forte tension, on ne devra l'ouvrir que très-doucement. Enfin, le tube A, à partir de sa courbure qui va rejoindre la chaudière, doit avoir une pente qui permette à l'eau qui s'y condense de retourner à la chaudière.

Le peu d'eau qui peut se trouver sur le mercure dans la petite branche, ne fausse que très-peu les indications ; il serait facile d'ailleurs d'en tenir compte.

Ce manomètre très-bon, quand il est fait convenablement, ne peut s'employer que pour les machines fixes, il a l'avantage sur les autres de servir de soupape de sûreté, car si la tension de la vapeur devenait très-forte, lorsqu'elle aurait chassé le mercure du tube, elle s'échapperai' par ce tube.

On construit aussi ces manomètres avec un seul tube en verre plongeant dans un réservoir contenant du mercure, sur lequel la pression de la vapeur vient s'exercer (fig. 12). Mais la longueur du tube en verre, de 4^{m},56 centimètres, nécessaire pour indiquer une pression de six atmosphères, en rend la disposition peu commode et très-fragile.

Fig. 12.

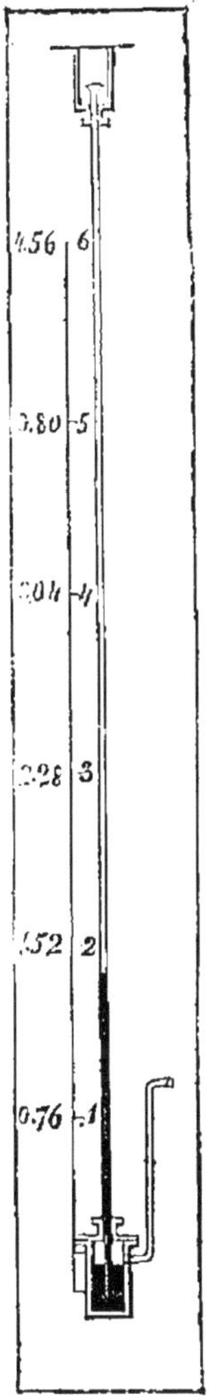

(43) Le manomètre à air comprimé est basé sur la loi de Mariote (6) ; il se compose ordinairement d'un tube en verre (E, fig. 13) d'environ 0^{m},005 millimètres de diamètre, et de 0^{m},50 centimètres de longueur, ouvert à une extrémité et fermé à l'autre ; le côté ouvert de ce tube se fixe horizontalement en B au bas d'une petite cuvette en fer contenant un peu plus de mercure qu'il n'en faut pour remplir le tube ; le mercure ne se verse dans la cuvette qu'après la fixation du tube en verre, qui se trouve rempli d'air. D est un tube en fer en communication avec la chaudière par lequel la vapeur vient presser sur

le mercure contenu dans la cuvette en fer et la force à entrer dans le tube en verre E, et permet de juger facilement de la tension de la vapeur, par le volume qu'occupe l'air dans ce tube ; quand le mercure comprime assez l'air pour qu'il n'occupe plus que la moitié de la longueur du tube, cela indique que l'air subit une pression double de celle qu'il avait primitivement et que la tension de la vapeur dans la chaudière est de deux atmosphères ; lorsque l'air est réduit à un tiers de son volume primitif, la vapeur exerce une tension de trois atmosphères, et ainsi de suite.

Fig. 13.

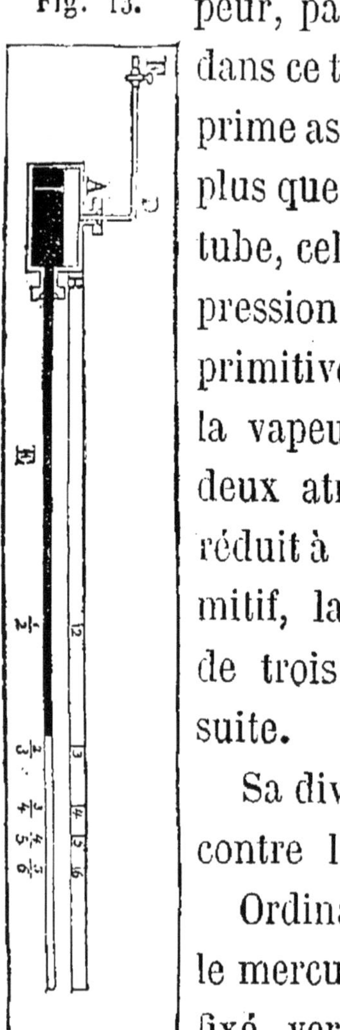

Sa division se fait sur une planche contre laquelle s'applique ce tube.

Ordinairement, le tube dans lequel le mercure vient comprimer l'air est fixé verticalement sur la cuvette ; dans ce cas, il faut tenir compte de la hauteur du mercure dans le tube : quand le tube est horizontal, on peut très-bien négliger la correction, qui devient presque nulle par cette disposition. Le tube D qui communique de la chaudière à la cuvette contenant le mercure, doit être muni d'un robinet F, car si le verre du manomètre venait à se briser, il serait difficile d'empêcher la vapeur de s'échapper.

Il ne faut pas oublier que chaque fois que l'on emploie du mercure, il faut l'éloigner de tout contact du cuivre, car ce dernier métal serait de suite fortement attaqué.

Enfin, il faut encore faire attention que le vide peut se faire jusqu'à un certain point dans les chaudières. Comme dans ce cas l'air comprimé dans le tube de verre se trouvant à une tension plus forte que celle qui lui serait opposée, une certaine quantité d'air pourrait s'en échapper, ce dont on s'apercevrait lorsque l'air serait rentré dans la chaudière et que le mercure se montrerait plus avant dans le tube : dans ce cas, il faut vider le mercure de la cuvette pour permettre à l'air de rentrer dans le tube. Du reste, on peut éviter cet inconvénient en fermant le robinet qui conduit la vapeur au manomètre : cela ne se fait que lorsqu'on est bien certain que la vapeur n'a presque plus de tension et que le feu est éteint.

Dans le même but, on peut aussi employer un petit reniflard, c'est-à-dire une soupape qui s'ouvre du dehors en dedans et permet par conséquent la rentrée de l'air : l'usage en est néanmoins très-restreint, parce que le reniflard est difficile à entretenir un bon état.

(44) Les manomètres métalliques sont en général basés sur l'élasticité des ressorts : bien que ces appareils cessent par le temps à donner des mesures exactes, celui de M. Bourdon (fig. 14) peut être considéré comme celui qui est le plus en usage. Il a valu à son auteur une grande médaille à l'Exposition de Londres, en 1851. Il est construit sur ce principe que des tubes courbes se redressent, lorsque l'on y comprime un gaz ou un liquide. Ce manomètre est formé d'un tube en cuivre à section elliptique recourbé en spirale et terminé par une aiguille. La vapeur

en y entrant (en A) force la spirale à se redresser de quantités proportionnelles à la pression, l'aiguille qui termine la spirale, indique sur un cadran la pression exercée par la vapeur, bien

Fig. 14.

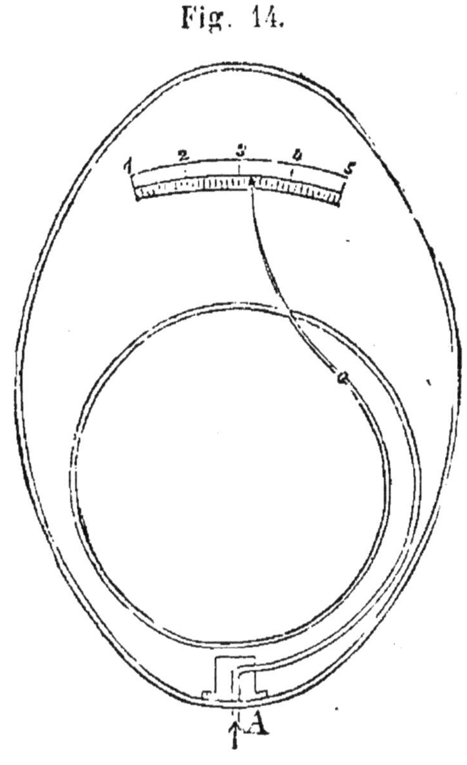

que ce tube soit ordinairement rempli d'eau, car cela est nécessaire pour que l'appareil ne se détériore pas, ce qui aurait lieu avec la vapeur ; du reste, cela n'en change pas les indications.

Ces instruments se graduent ordinairement avec des manomètres étalons.

Je fais observer qu'il sera toujours très-avantageux d'avoir deux manomètres aux chaudières, parce qu'ils se contrôlent réciproquement, comme aussi de réserver une prise de vapeur sur chaque chaudière, où l'on puisse de temps en temps adapter un manomètre étalon, afin d'être bien certain de la bonne marche de ces appareils, qui sont à peu près les seuls en usage pour les locomotives.

SOUPAPES DE SURETÉ.

Elles ont surtout pour but de laisser issue à la vapeur, lorsque sa tension est arrivée à la limite que l'on ne veut pas dépasser : on doit concevoir que pour obtenir ce résultat, il faut que l'on soit certain que les soupapes de sûreté s'ouvrent lorsque la pression de la vapeur a atteint une certaine tension et qu'elles puissent offrir un passage suffisant à la vapeur, pour que la quantité qui peut s'en écouler, soit telle que les soupapes étant ouvertes, la tension de la vapeur dans la chaudière ne puisse pas augmenter, même avec un feu assez vif.

D'après l'ordonnance, chaque chaudière doit être munie de deux soupapes de sûreté.

Les conditions que nous venons d'énoncer regardent particulièrement les constructeurs de chaudières. Les détails suivants n'ont donc pour but que de mettre le chauffeur en état de se rendre compte des appareils qu'il a à sa disposition. Les soupapes de sûreté ont ordinairement la disposition indiquée par la fig. 15. Quand on

Fig. 15.

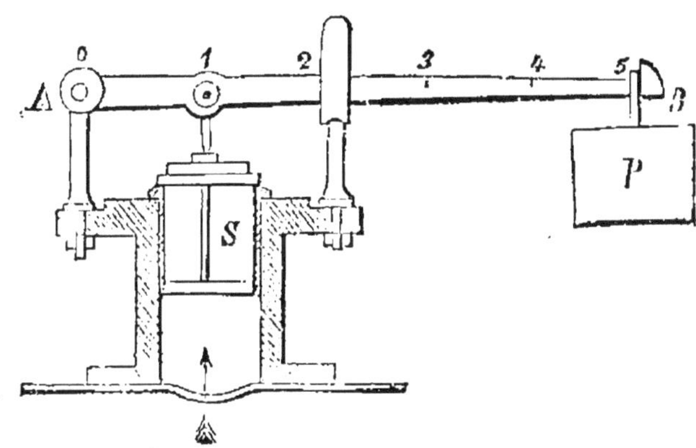

exige, comme dans certains pays, que le poids repose directement sur la soupape, la disposition est ordinairement celle indiquée par la fig. 16, qui consiste en un cylindre en fonte F d'environ

30 centimètres de diamètre et d'une hauteur proportionnée à la charge qu'exige la hauteur occupée par les poids. Au fond de ce cylindre est fixé le siége en bronze pour recevoir la soupape

Fig. 16.

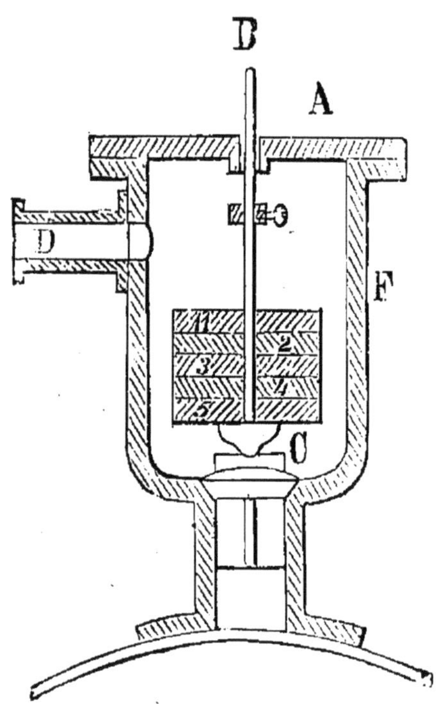

C. Ce cylindre est recouvert par un couvercle A percé à son milieu par un trou garni de cuivre, où passe une tige en fer B, dont l'extrémité inférieure va reposer sur le milieu de la soupape C.

Les n°s 1, 2, 3, représentent des disques en fonte

percés au centre, de manière à pouvoir être superposés les uns sur les autres dans la tige B. Il est bien entendu que le nombre et le poids des disques doit être tel que la soupape reçoive sa charge réglementaire. D est une tubulure destinée à laisser échapper la vapeur. Cette disposition, pour être d'un bon usage, aurait besoin de quelques améliorations, permettant surtout de visiter et de roder facilement la soupape, sans cette précaution indispensable, les fuites de vapeur sont très-considérables.

La disposition indiquée (fig. 15), où le poids agit sur la soupape au moyen d'un bras de levier, est plus commode : si on reproche à cette disposition la facilité qu'ont les chauffeurs de surcharger le bras du levier à la moindre fuite de vapeur, ce que je ne conteste pas, ayant eu trop souvent l'occasion de le voir, cette observation tenderait à prouver qu'ils ignorent complétement en agissant ainsi, les conséquences auxquelles ils s'exposent. Les indications suivantes que j'ai cherché à mettre à leur portée, ont pour but de les éclairer à ce sujet.

Admettons (fig. 17) un levier de deux décimètres de longueur, reposant par son milieu sur

Fig. 17.

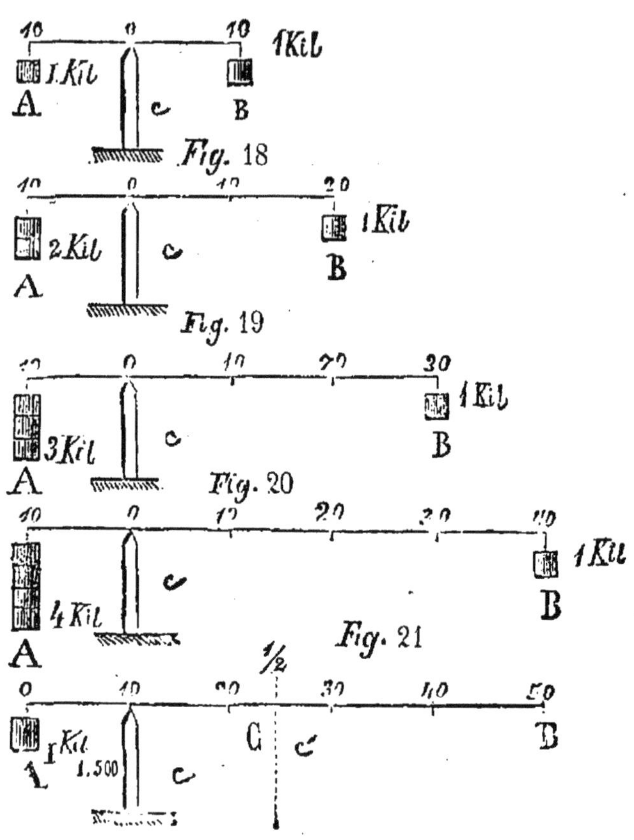

un support C se terminant par un angle. Si nous chargeons d'un kilogr. chacune des extrémités du levier en A et B, il restera en équilibre, comme la balance ordinaire chargée d'un même poids dans ses deux plateaux, et le poids qu'aura à supporter le point d'appui O sera de deux kilogr. plus le poids du bras de levier que nous négligeons pour simplifier l'explication. La fig. 18 représente la même disposition, à l'exception que le poids B se trouve placé à 20 centimètres du point d'appui O, au lieu d'être à 10 centimètres. Dans ce cas, il faudra, pour qu'il y ait équilibre, que le poids A placé à un décimètre du point d'appui, pèse le double de celui placé à deux décimètres en B, soit 2 kilogr. en A et 1 en B, alors le point d'appui O supportera 3 kilogr.

Le même raisonnement s'applique à la fig. 19, où l'effort exercé sur le point d'appui O serait, dans ce cas, de 4 kilogr.

Il en serait de même pour la fig 20, où le support O se trouverait chargé de 5 kilogr.

Maintenant, il s'agit de savoir comment agit le bras de levier seul, afin d'en tenir compte.

Pour cela, il faut le peser. Admettons qu'il pèse 1 kilogr. Il faut ensuite chercher le centre de gravité de ce bras de levier, pour cela il suffira de le poser sur une lame de fer mince que l'on serrera dans un étau, et on cherchera, autant que possible, la place où il s'y tiendrait en équilibre, ce sera le centre de gravité: on y fera une marque. Admettons qu'il se soit trouvé au milieu du levier (fig. 21) en C. Si nous plaçons ce levier dans les conditions des précédents sans suspendre de poids en B, nous trouvons que pour lui faire équilibre, il faut un poids de $1^k,500$ en A et ce sera toujours ce poids qu'il faudra ajouter en plus au poids du petit levier, quelle que soit la position et le poids sur le grand levier, comme si ce poids était posé à son centre de gravité.

Bien que ce soient ordinairement les fabricants de chaudières qui en fournissent les accessoires, il nous a paru bien nécessaire que le chauffeur puisse se rendre compte des appareils qu'il a à gouverner, c'est pourquoi nous donnons une explication mise à leur portée. Exemple : admettons (fig. 15) une soupape dont le diamètre sur lequel la pression de la vapeur s'exerce, soit de 5 centimètres, nous voyons au tableau p. 209 qu'un cercle qui a un diamètre de 5 cent. représente une surface de $19^c,63$. D'après ce que nous savons (4), si une soupape d'une telle surface devait se soulever dès que la pression de la vapeur dépasserait 2 atmosphères, il faudrait qu'elle soit chargée d'un poids de 19^k,630.

Les centièmes de centimètres carrés correspondent à 10 grammes par atmosphères.

Observons que nous avons dit 2 atmosphères, parce qu'il faut que la vapeur puisse premièrement vaincre la pression de l'atmosphère qui s'exerce du dehors sur la soupape, pression égale 19^k,630, et, en outre, à une pression égale exercée par le poids et celui de la soupape elle-même.

Admettons pour notre exemple (fig. 15) que la soupape doive se lever dès que la tension de la vapeur dans la chaudière dépasserait 6 atmosphères ; pour cela, nous devons charger la soupape d'un poids de 5 kilog. par centimètre carré de surface (l'atmosphère agissant pour 1, cela fera 6). La soupape ayant 19^c,63 de surface, nous multiplions par 5, ce qui donne 98^k,150 pour le poids dont doit être chargée la soupape. Dans les fig. 15 ou 20, qui sont les mêmes, le poids posé en B, à l'extrémité du grand levier, doit être seulement d'un cinquième du poids total, soit 19^k,620 dont nous aurons encore à déduire le poids du levier, qui représente, comme nous l'avons expliqué, 1^k,500, et le poids de la soupape que nous admettons de 200 grammes.

Soit 1^k,700.	19^k,630
	1 ,700
Soit.	17^k,930

pour le poids qui devra être mis à l'extrémité du grand levier.

Enfin, pour obtenir encore plus de sécurité, on a employé des plaques d'alliage fusible boulonnées après les chaudières ; on sait que l'on peut faire des alliages qui fondent aux températures que l'on désire.

Ainsi, 8 parties de bismute, 5 de plomb, 3 d'étain forment un alliage qui fond dans l'eau à 100°.

Selon moi, c'est à tort que l'on a abandonné ce moyen de sécurité ; on lui reprochait surtout de produire dans les usines des temps d'arrêts assez longs et par conséquent très-désagréables lorsque ces plaques venaient à fondre, ce qui devait arriver très-peu au-dessus de la tension à laquelle étaient timbrées les chaudières, en tout cas, il aurait été encore préférable d'employer des plaques fusibles, même à 2 ou 3 atmosphères en plus que n'indique le timbre, et je suis persuadé que ce moyen aurait encore pu éviter des explosions.

DE LA COMBUSTION.

(46) La théorie de la combustion est beaucoup trop compliquée, pour que je puisse dans un ouvrage comme celui que j'écris, y donner tous les développements qui y seraient nécessaires[1].

Je n'indiquerai donc ici que ce qui m'a paru le plus indispensable.

La combustion est le résultat de diverses combinaisons de certains corps entre eux, c'est

[1] On pourra consulter à ce sujet l'ouvrage de M. C. W. Williams sur la combustion du charbon.

Mécanique pratique des machines à vapeur, par MM. Arthur Morin et H. Tresca.

Traité des machines à vapeur, par Jules Gaudry. *De l'économie du combustible*, par E. Bède.

principalement par la combinaison de l'oxygène de l'air avec le charbon et l'hydrogène de la houille, que la combustion a lieu dans les appareils de l'industrie. Quand on brûle du coke, la combustion est à très-peu près réduite à la combinaison de l'oxygène avec le charbon.

La combinaison chimique qui se produit par la combustion, dégage une grande quantité de calorique, c'est ce calorique qu'il importe d'utiliser de notre mieux, car il coûte cher, et comme la combustion peut être plus ou moins parfaite, et que plus elle est complète, plus on obtient de calorique. Il est bien essentiel de l'obtenir aussi parfaite que possible.

Le but que l'on se propose dans les chaudières des machines à vapeur, est d'obtenir la quantité de vapeur nécessaire à la marche de la machine avec le moins de combustible possible; pour cela, il faut encore que la combustion étant bonne, la chaudière qui doit fournir la vapeur soit dans de bonnes conditions pour absorber le calorique. Bien des conditions sont nécessaires pour remplir ce but. Le chauffeur ne peut se servir que de ce qu'on lui donne, mais ses soins ont une si grande influence, que l'on doit, dans cette question si difficile et si importante, chercher à l'éclairer autant que possible.

(47) Dans les foyers ordinaires de machines à vapeur fixes, lorsque l'on y brûle de la bonne houille à longue flamme non collante, l'expérience a indiqué que l'on était dans de bonnes conditions, lorsque la surface totale de la grille était à raison d'un mètre carré de surface pour brûler 90 kilogr. de houille par heure.

Si on avait de la très-mauvaise houille à brûler, on se trouverait bien d'augmenter la surface de la grille d'un tiers.

La surface totale de chauffe de la chaudière sera de 2 mètres carrés par force de cheval; si on donne moins, on sera dans de moins bonnes conditions.

Les barreaux minces sont plus avantageux à employer, 2 à 3 centimètres d'épaisseur suffisent, avec un intervalle d'un centimètre de vide; le dessous des barreaux ne doit pas se terminer par une échancrure à son extrémité (fig. 22), il est préférable de la supprimer (fig. 23), afin que la dilatation ne les fasse pas courber, en venant butter contre la barre qui les supporte.

Fig. 22.

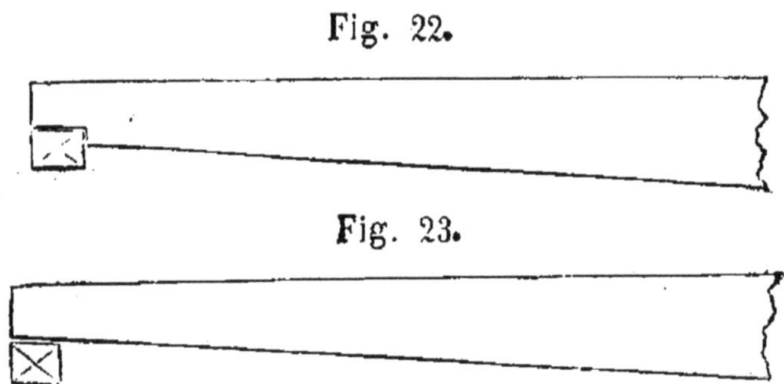

Fig. 23.

La distance de 36 cent. entre la grille et la chaudière est bonne.

La plus petite surface de la section des carneaux ou de la cheminée sera 1/3 de la surface totale de la grille, compté à raison d'un décimètre carré, pour brûler 900 gr. de houille par heure. Une hauteur de cheminée de 15 mètres sera suffisante si le voisinage n'en exige pas plus. Il est bon de garnir avec du cuir le haut de la coulisse des registres qui fonctionnent dans les carneaux, afin d'empêcher l'air d'y entrer en grande quantité, ce qui ralentit le tirage.

Nous avons dit que la combustion était due à la combinaison de l'oxygène de l'air avec les éléments de la houille, que nous pouvons considérer comme étant formé de 0,82 de charbon, 0,5 d'hydrogène et 0,08 d'oxygène et d'azote, plus des cendres en plus ou moins grande quantité, selon la qualité des houilles.

Pour brûler 1 kil. de houille complétement, il faut 9 mètres cubes d'air.

Les 1000 litres d'air (mètre cube) pèsent 1^k,293, il contient 213 litres d'oxygène pesant 0,305 grammes, et 787 litres d'azote pesant 0,988 grammes.

Pour qu'il passe à travers la grille 1 litre d'oxygène, portion seule de l'air qui sert à la combustion, il faut qu'il y passe à peu près 5 litres d'air.

Dans les conditions où se trouve la houille sur la grille, une partie des vides de cette grille est déjà obstruée par des crasses de cendres et par la houille même. Si on ouvre les portes du foyer pour nettoyer ou recharger la grille, l'air s'y introduit en bien plus grande quantité qu'il n'est nécessaire ; le foyer se refroidit, il y a perte. On conçoit la difficulté, dans de semblables conditions, d'indiquer des règles exactes, car tout l'oxygène de l'air qui passe à travers les grilles et la porte est loin d'être utilisé. On a reconnu par l'expérience que 15 mètres cubes d'air étaient nécessaires au lieu de 9, si tout l'oxygène de l'air était utilisé (certains auteurs ont même indiqué jusqu'à 36 mètres cubes).

Si vous remplissez une pipe de terre avec la poussière de houille, et qu'ainsi remplie, on bouche l'ouverture de la pipe avec un peu d'argile molle, et qu'on la mette ainsi chargée dans le foyer d'une forge à une température à peine rouge, au bout de 2 à 3 minutes, si vous prétentez une allumette enflammée à l'extrémité du tuyau de la pipe, le jet de gaz qui en sort, qui est une combinaison d'hydrogène et de charbon, s'enflamme au contact de l'air, en se combinant avec son oxygène. C'est l'éclairage au gaz. Lorsqu'il ne se formera plus de gaz, le jet s'éteindra et vous trouverez du coke pour résidu dans la pipe ; on trouve que dans cette circonstance, un quart à peu près de la houille employée s'est échappée en gaz (1 kilog. de houille donne 220 litres de gaz).

Il s'ensuit de là que la houille qui est jetée sur la grille, dans un foyer à haute température, se décompose de suite, ce sont les éléments gazeux d'hydrogène combiné au charbon qui se séparent les premiers ; leur combustion dégageant beaucoup de calorique, il est très-important qu'ils puissent se brûler complétement ; cela ne peut avoir lieu qu'en se combinant avec l'oxygène de l'air à une température assez élevée, ce qui est difficile, parce que dès que ces corps qui étaient à l'état solide dans la houille, ont pris l'état gazeux, ils occupent un grand volume et sont entraînés avec une très-grande vitesse dans la cheminée, ils ne peuvent très-vraisemblablement recevoir assez d'air pour être brûlés complétement,, d'autant plus que ces gaz occupant la partie supérieure du foyer, ne reçoivent que de l'air qui est déjà privé d'une partie de son oxygène, qu'il a perdu en passant à travers la couche de coke qui recouvre la grille.

On est porté à croire que les choses se passent ainsi, car c'est toujours après les chargements de houille que se montre la fumée, ce qui indique une combustion incomplète, causée très-vraisemblablement par un abaissement de température dans le foyer et un manque d'air dans ce moment ; car en entr'ouvrant un peu la porte du fourneau, la fumée cesse presque toujours immédiatement.

Lorsque les combinaisons hydrogénées de la houille sont volatilisées, il ne reste plus sur la grille que le coke, qui ne donne pas de fumée et qui ne peut quitter la grille qu'en se brûlant plus ou moins complétement, il est vrai, mais dans ce cas, une bonne combustion est plus facile.

Il ne faut pas oublier à cet égard que le charbon se combine en deux proportions avec l'oxygène, toutes deux donnant des produits gazeux invisibles, qui peuvent s'échapper par la cheminée. Le premier degré de combustion, oxyde de carbone, n'exige que $5^k,65$ d'air par kilog. de charbon, tandis que pour atteindre le second degré de combustion que produit l'oxyde carbonique, il en faut $11^k,29$.

Comme on admet qu'un kilogr. de charbon

en brûlant complétement peut fournir 8000 calories (26), tandis que brûlé à l'état d'oxyde de carbone il n'en donne que 5598, on voit combien il y a d'avantages à brûler complétement le charbon.

(48) L'oxyde de carbone en se brûlant pour passer à l'état d'acide carbonique, développe 2402 calories qui se trouvent naturellement perdues lorsqu'il n'est pas converti en acide carbonique, ce qui donne une perte de 30 p. 0/0.

(49) Le chauffeur ne saurait faire des expériences scientifiques et compliquées, son guide doit être le manomètre, la fumée qui sort par la cheminée, les qualités de houille qu'il emploie et les quantités qu'il en brûle par jour pour un même travail, ce qui équivaut à la quantité d'eau évaporée dans un temps donné avec une même quantité de charbon ; nous admettons pour cela que la machine à vapeur, avec des mêmes soins, usera pour un même travail, une même quantité de vapeur.

(50) La société industrielle de Mulhouse avait offert, en 1860, des médailles et des prix aux chauffeurs qui se montreraient les plus habiles dans la conduite d'un même foyer de chaudière à vapeur, avec la même houille, les résultats ont varié selon les chauffeurs, $7^k,50$ à $6^k,57$ d'eau évaporée par 1 kilogr. de houille brûlée : cette différence ne peut être attribuée qu'aux soins plus ou moins intelligents de la conduite du feu.

DE LA CONDUITE DU FEU.

(51) Comme la différence qui existe entre les différentes qualités de houille est très-grande ainsi que leur prix, il sera toujours convenable d'en faire l'essai pratiquement, en voyant pour un même travail à la machine combien on en brûle.

Je dois seulement observer ici, qu'afin que des expériences de ce genre soient tout à fait satisfaisantes, qu'une seule disposition de foyer ne saurait convenir à toutes les espèces de houille.

Il y a désavantage à employer des houilles mouillées.

(52) Le pesage de la houille convient mieux que le mesurage, puisque le poids de l'hectolitre de diverses houilles peut varier de 90 kilog. à 80.

(53) La grosseur des morceaux de houille que l'on emploie a aussi une grande influence, depuis la grosseur d'une noix jusqu'à la grosseur du poing, c'est la grosseur la plus avantageuse à employer.

(54) La menue houille, celle en poussière, est très-difficile à employer, surtout le menu de houille sèche, qui passe si facilement à travers les interstices des barreaux ; le menu de houille grasse présente un peu moins d'inconvénients à l'emploi, parce qu'elle s'aglutine, mais en général les houilles menues donnent beaucoup de fumée. Aussi bien que le prix de la houille en poussière soit bien inférieur à celle en morceaux, la difficulté de son emploi dans les foyers ordinaires, le mal qu'elle donne aux chauffeurs, font que l'on ne trouve pas son emploi avantageux ; surtout si elle n'est pas de très-bonne

qualité et un peu mélangée avec de la houille en morceaux. Dans ce dernier cas, il est bon de ne la distribuer sur la grille qu'après avoir chargé la grille avec la houille en morceaux, et alors seulement d'en répandre quelques pelletées distribuées aussi également que possible au-dessus de l'autre charbon. Sous ce point de vue, la poussière de houille transformée en agglomérés est un précieux progrès.

(55) Les gros morceaux de houille, ceux de 3 à 4 décimètres cubes, lorsqu'ils sont d'une très-bonne qualité surtout, par la grande quantité de calorique qu'ils peuvent dégager, sur un très-petit espace, peuvent brûler les tôles des chaudières, surtout lorsqu'ils brûlent à l'extrémité de la grille près de l'autel, ils ont l'inconvénient de produire plus de vapeur qu'il n'en faut dans un temps donné. Aussi, remarque-t-on souvent que les chauffeurs, lorsque, par une cause quelconque, ont laissé tomber un peu trop la vapeur, jettent de la grosse houille dans le foyer, s'ils en ont à leur disposition.

J'extrais de l'excellent ouvrage de MM. Morin et Tresca, *Mécanique pratique des machines à vapeur*, la traduction qu'ils ont donnée de M. W. Williams relative à la conduite du feu :

1° Commencer à charger la grille vers l'autel et maintenir le feu jusqu'à quelques centimètres seulement de la plaque de seuil du foyer ;

2° Recharger le feu quand il y a encore une épaisseur d'au moins 10 à 12 centimètres de combustible incandescent sur les barreaux ;

3° Tenir les barreaux constamment et uniformément couverts, particulièrement vers l'autel, où la combustion est toujours plus rapide ;

4° Si le combustible brûle inégalement ou par place, il est indispensable de l'égaliser et de recouvrir les vides ;

5° Les gros charbons doivent être concassés en morceaux de la grosseur du poing ;

6° Lorsque le cendrier a peu de hauteur, il doit être plus fréquemment vidé ; un trop grand amas d'escarbilles chauffe et brûle les barreaux.

(56) J'ajouterai encore aux recommandations précédentes les observations suivantes :

S'il sort beaucoup de fumée par la cheminée, lorsqu'elle est noire surtout, on est dans de mauvaises conditions, cette fumée peut être causée par l'emploi de charbon mouillé, d'une trop forte charge faite à la fois sur la grille, surtout si on est obligé de brûler beaucoup de menue, la grille peut être engorgée par des crasses, le registre peut ne pas être assez ouvert, enfin l'état atmosphérique peut aussi y contribuer. Dans ce cas, le registre étant ouvert, le meilleur moyen de faire cesser la fumée est d'entr'ouvrir très-peu la porte du fourneau.

Il faut beaucoup de soin pour éviter toute trace de fumée, lorsqu'on a chargé la grille de combustible, cependant quand on s'y prend bien, la fumée ne doit jamais être noire, elle ne doit être que peu intense et disparaître au bout de 8 à 10 secondes.

(57) Moins l'on met de combustibles à la fois, et par conséquent plus les charges sont fréquen-

tes, moins on a de fumée, mais il est facile de concevoir que l'on ne peut guère exiger moins de 12 à 15 minutes entre chaque charge, et encore ce service est très-pénible pour le chauffeur, surtout s'il a 2 chaudières à entretenir, ce qui a lieu dans beaucoup d'usines.

(58) L'absence de fumée n'est pas un indice certain que la combustion se fasse de la manière la plus avantageuse, s'il passe un grand excès d'air à travers le foyer il n'y a pas de fumée. Cet excès d'air s'échauffe en passant à travers le foyer et va sortir par la cheminée sans que l'on puisse le voir, ayant enlevé du calorique inutilement (voyez le calorique spécifique de l'air, 27).

Si, au contraire, il passe moins d'air qu'il n'en faudrait pour que la combustion soit complète, l'oxyde de carbone, gaz invisible, qui est le produit d'une combustion incomplète (48), peut aussi sortir par la cheminée sans fumée.

(59) Enfin, l'observation fait voir que l'on peut

obtenir une flamme longue ou courte ; courte s'il arrive un grand excès d'air avec un très–fort tirage. Dans ce cas, la température du foyer devient très-élevée ; longue s'il n'arrive qu'une certaine quantité d'air avec moins de tirage ; la température, dans ce dernier cas, est moins élevée dans le foyer et plus dans les carneaux qui reçoivent le contact de la flamme que dans le cas précédent. Dans ce dernier cas, il y a distillation, et les gaz vont s'enflammant plus ou moins loin du foyer où ils se sont produits.

(60) Par une manœuvre bien entendue, avec un bon registre, on peut obtenir ces deux conditions de combustion, en laissant entrer plus ou moins d'air, en en régularisant l'entrée par le plus ou moins d'ouverture du registre.

Comme il y a peu de chaudières fixes non tubulaires de la force de 10 chevaux, dont la flamme parcourt, dans les carneaux, environ 24 mètres, avant d'arriver à la cheminée, ce long parcours a été reconnu avantageux ; cela indique qu'il est en général convenable d'avoir une combustion à longue flamme sans excès, toutefois. Quoiqu'il en soit, le chauffeur intelligent devra s'assurer d'une manière bien positive, toutes circonstances égales, de la quantité de combustible qu'il brûle dans un temps donné de travail, et cela aussi souvent que possible, et à l'aide des observations précédentes, il cherchera à en brûler le moins possible. Il sera convaincu au bout de peu de temps, qu'avec des soins continuels et bien entendus, on peut réaliser une économie assez considérable en combustible.

(61) Dans la conduite du feu pour les machines fixes, avec des chaudières ordinaires, montées dans les proportions que j'ai indiquées (47), voici la manière de chauffer qui m'a donné les meilleurs résultats :

Avant d'introduire le combustible sur la grille, abaisser convenablement le registre, c'est-à-dire de manière que la flamme ne vienne pas sortir par la porte. Charger la grille d'une égale épaisseur, par intervalles de 12 à 15 minutes, avec de la houille depuis la grosseur d'une noix jusqu'à celle du poing. Comme on a toujours de la poussière de houille, on la répandra aussi également que possible, par dessus la houille en morceaux. Si on a trop de menue à brûler, à la fin de chaque charge, on peut avec avantage en déposer quelques pelletées sur la plaque du foyer et la répandre à la charge suivante.

Autant que possible, n'alimenter la chaudière que quand la vapeur est forte. Alimenter souvent, on décrassera la grille lorsqu'il n'y reste plus que du coke, il est bon de fermer le registre aux 3/4 ; autant que possible, ne faire cette besogne pénible que quand la chaudière a été alimentée.

Après un chargement, la porte étant fermée et le registre ouvert, si on a beaucoup de fumée, on entr'ouvre très-peu la porte, on la renferme dès qu'elle a disparu. On descend le registre autant que possible, en arrêtant son abaissement dès qu'il sort de la fumée de la cheminée, alors on le remonte très-peu, de 2 à 3 centimètres, 5 minutes après on le descend encore, en se guidant, comme on vient de l'indiquer.

Je sais bien par moi-même qu'en pratique ces recommandations sont rarement suivies ; mais on saura au moins, qu'en s'en écartant, on brûle plus de combustible.

(62) Un kilog. de charbon, de très-bonne qualité, pourrait fournir, d'après la théorie, 8000 calories (26). Ce qui, à raison de 650 calories pour évaporer un kilog. d'eau, représenterait environ 12 kilog. d'eau évaporée par kilog. de charbon. On assure que dans les chaudières les plus perfectionnées, on est parvenu à produire 10 kilog. de vapeur par kilog. d'excellent charbon. Ce qu'il y a de certain, c'est qu'en pratique, à très-peu d'exceptions près, le résultat varie de 5 à 8.

Il est très-bon d'enlever le plus souvent possible, dans les carneaux, les cendres qui recouvrent les parties de chaudières ou tubes qui doivent absorber le calorique des produits de la combustion. Enfin, il y a des qualités de houille qui diffèrent tellement entr'elles, que l'on est souvent obligé de modifier ce qui conviendrait pour les cas ordinaires. Ainsi, on utilise quelquefois des houilles contenant moitié schistes, ce qui oblige dans ce cas à en mettre de plus fortes épaisseurs sur la grille.

Le coke ne s'emploie guère que pour les locomotives ; les foyers qui sont destinés à le brûler, permettent (ce qui est indispensable) de l'employer d'une très-grande épaisseur sur la grille. Comme il est principalement composé de carbone, sa combustion ne pouvant produire que de l'oxyde de carbone, ou de l'acide carbonique, il ne produit pas de fumée. Il y a également un très-grand choix dans les cokes.

CHAUDIÈRE A VAPEUR

(63) Les chaudières à vapeur sont destinées à produire de la vapeur à diverses pressions. Il ne sera question ici que de celles que l'on emploie pour produire la vapeur qui doit agir dans les machines. On conçoit l'importance de ces appareils, car ce n'est que par la vapeur qu'ils fournissent que les machines peuvent marcher. Si

on veut bien se rappeler ce qui a été dit (44), on verra que ces appareils, s'ils ne sont pas dirigés convenablement, peuvent donner lieu à des accidents les plus désastreux.

Fig. 24.

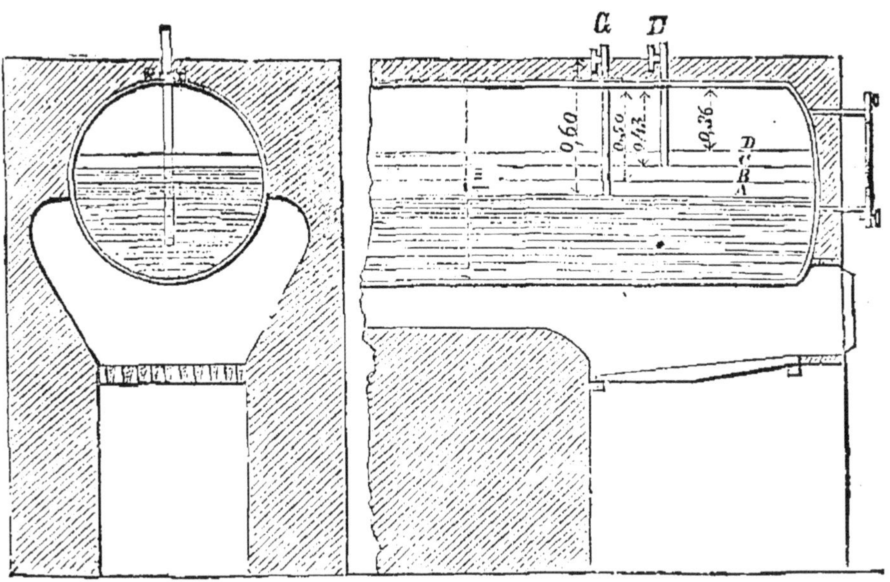

Je ne dis pas cela pour effrayer, mais bien pour qu'aucune raison ni aucune négligence ne puissent détourner des soins assidus que ces appareils réclament.

D'autant plus que, lorsqu'ils sont bien dirigés, les dangers d'explosion sont presque nuls. Vu l'importance de ces appareils, dans le but de leur perfectionnement, on en a varié les dispositions à l'infini. On en connaît plus de 60.

Les dispositions de chaudières, qui sont le plus en usage aujourd'hui, sont au nombre de 6 à 7 :

1° La chaudière composée d'un simple cylindre, d'un mètre à 1^{m},10 de diamètre, avec une

Fig. 25.

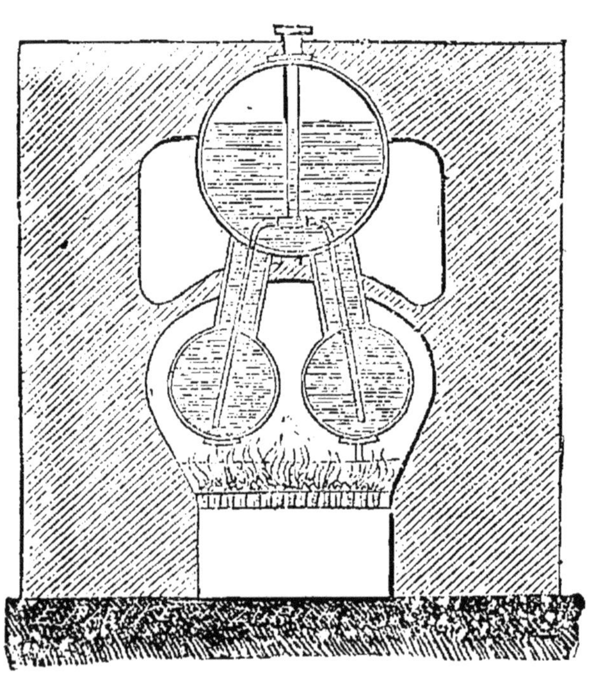

longueur qui dépasse rarement 12 à 15 mètres (fig. 24). Cette chaudière est très-recommandable par sa simplicité ; mais la quantité de vapeur qu'elle peut fournir ne peut alimenter convenablement qu'une machine de la force de 10 à 12 chevaux (47).

2° Pour obtenir plus de surface, on a ajouté à ces chaudières (fig. 25) 2 tubes bouilleurs (et quelquefois 3), sous lesquels on fait le feu, ce qui

Fig. 26.

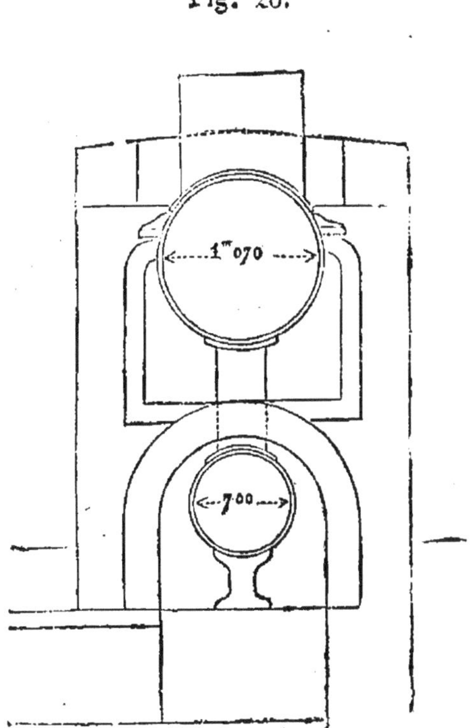

a permis, pour une même longueur, de doubler la surface de chauffe et, par conséquent, de pouvoir suffire à l'alimentation d'une machine de 20 chevaux.

3° On a ajouté au premier système 1 ou 2 tubes dits réchauffeurs (fig. 26 et 27). parce que le

Fig. 27.

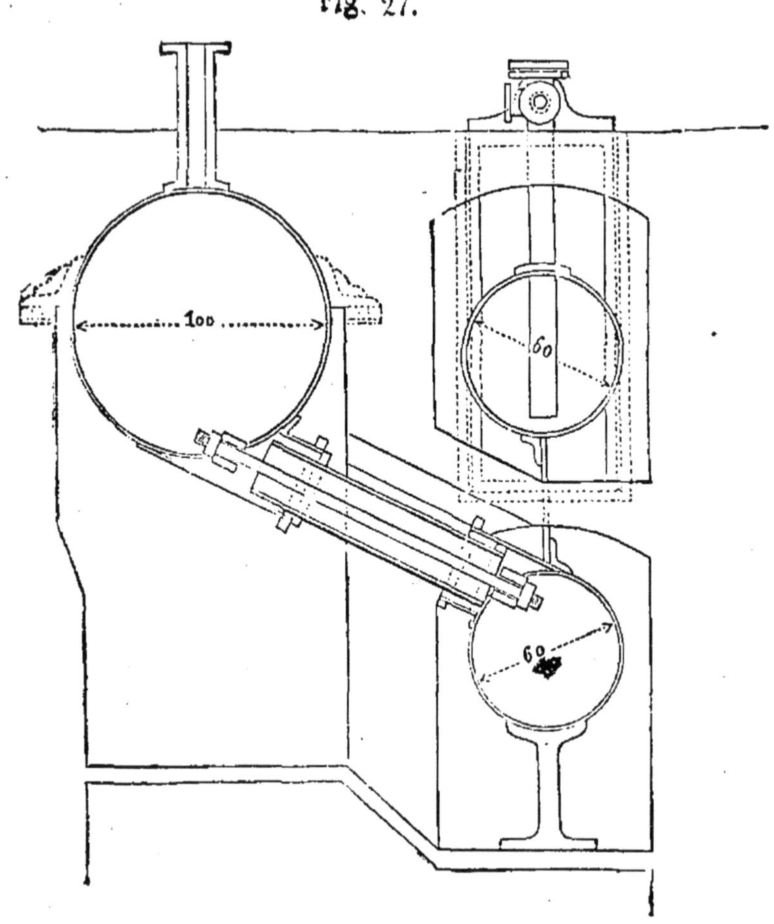

feu ne se fait pas directement sous ces tubes, mais sous le corps principal de la chaudière, qui conserve ordinairement un diamètre plus grand que les tubes. La disposition de la fig. 27 est due à MM. Farcot, elle donne de très-bons résultats.

4° Il y a des chaudières (fig. 28) où le foyer

Fig. 28.

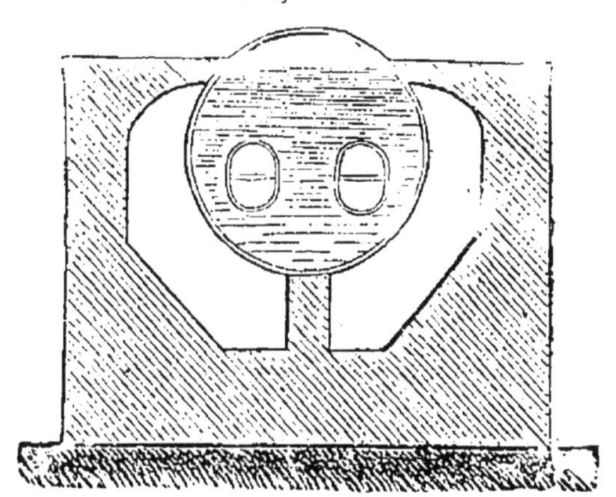

se trouve dans la chaudière même et se trouve par conséquent entouré d'eau ; presque toujours on met 2 foyers dans ces chaudières. Ces sortes de chaudières exigent de grandes dimensions, cause de moins de solidité.

5° Le feu se faisant sous la chaudière, revient la traverser dans un tube (fig. 29).

6° Dans les usines à fer, afin d'utiliser la chaleur perdue des fours à souder et à réchauffer, on emploie souvent des chaudières comme celle indiquée fig. 30. La flamme qui s'échappe de ces fours vient passer en A, longe la chaudière,

Fig. 29.

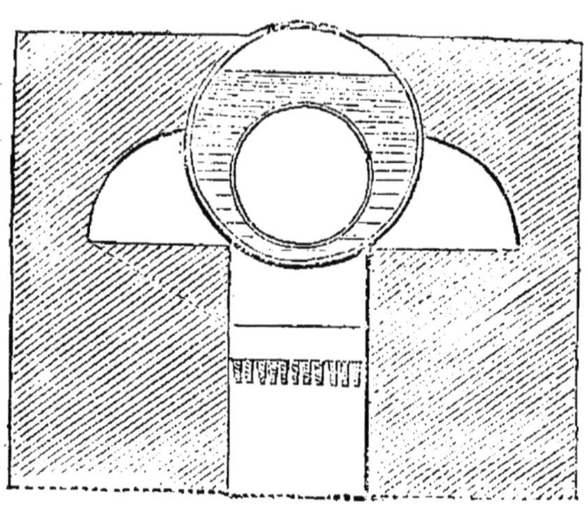

la traverse en B et va dans la cheminée en passant en C.

7° Les chaudières dites tubulaires (fig. 31), où les produits de la combustion passent à travers une grande quantité de tuyaux entourés d'eau. Les locomotives, les locomobiles, les bateaux à vapeur emploient ces sortes de chaudières presque exclusivement, parce qu'elles produisent de grandes surfaces de chauffe sous un petit volume.

8° Pour les machines fixes, on emploie aujourd'hui, avec succès, les deux systèmes accouplés (fig. 32), c'est-à-dire une chaudière tubulaire

Fig. 30.

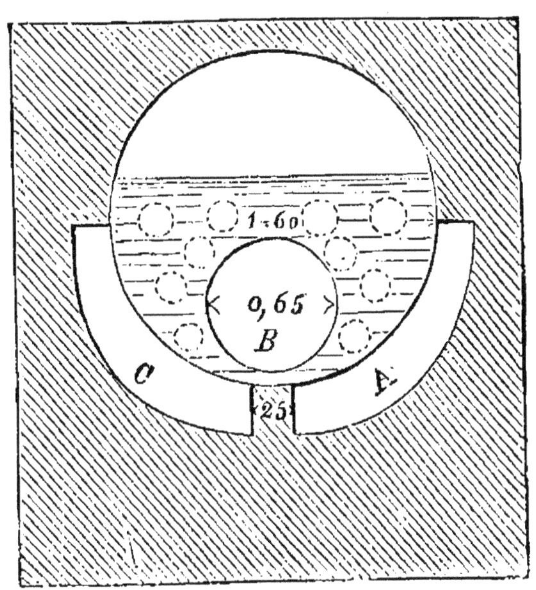

surmontée d'une chaudière simple. La disposition des chaudières tubulaires présentait de grands inconvénients pour le nettoyage. Par de nouveaux perfectionnements, qui permettent de retirer tous les tubes à la fois de la chaudière, on a obvié à cet inconvénient. Aussi l'usage de ces sortes de chaudières se répand de plus en plus.

Fig. 31.

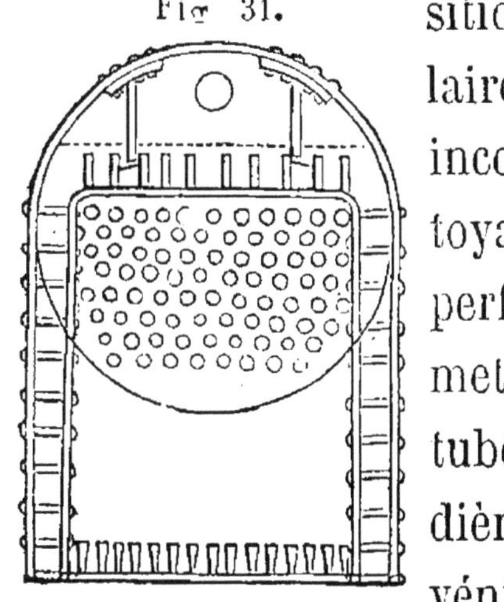

Quel que soit le système de chaudière employé, soit vertical ou autre, si le chauffeur a bien compris ce qui précède, il lui sera facile de

Fig. 32.

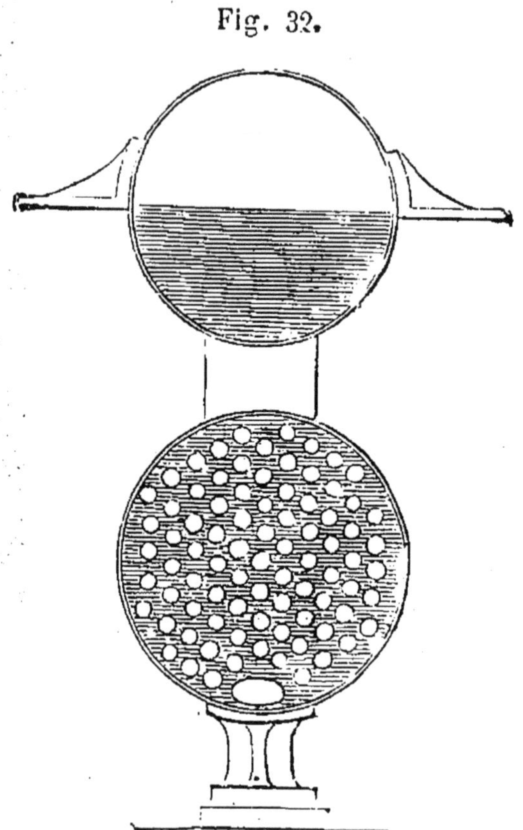

se mettre très-promptement en état de bien gouverner celle qu'on aura mise sous sa direction.

ACCESSOIRES DE CHAUDIÈRES.

Les moyens pratiques ordinaires en usage, par

lesquels on peut savoir où est le niveau de l'eau dans la chaudière, sont au nombre de trois : le flotteur, le tube jauge et les robinets jauge. Toute chaudière à vapeur, si elle ne peut pas employer ces trois appareils, doit au moins en avoir deux (65). Le flotteur qui est en usage sur presque toutes les chaudières fixes, se compose (fig. 33) d'une pierre P qui doit flotter dans

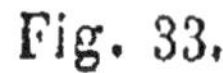
Fig. 33.

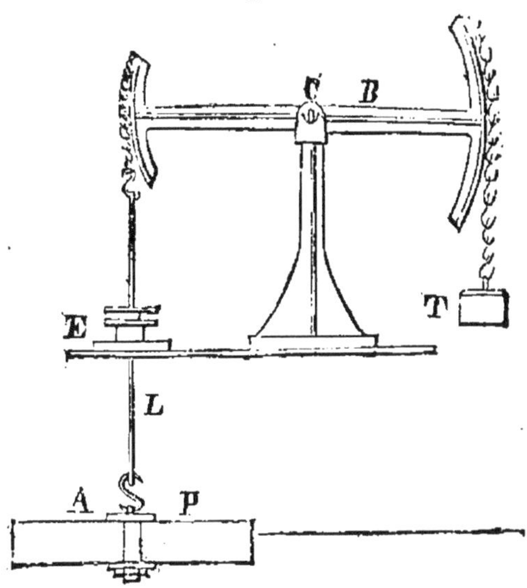

l'eau dans l'intérieur de la chaudière. A cet effet, dans cette pierre, on a fixé à son centre un anneau A. Cet anneau se termine ordinairement par une tige qui passe d'outre en outre de la pierre, et au travers de cette tige passe une clavette qui s'ouvre.

En un mot, cet anneau doit être fixé de manière à ne pas manquer, sans quoi il pourrait jouer un mauvais tour. A cet anneau, on fixe un fil de laiton L recuit et très-bien dressé, de 3 millimètres de diamètre environ, dont l'autre bout se fixe à l'extrémité du balancier B, qui est mobile, étant disposé de manière à pouvoir osciller sur son axe C. Le poids T, fixé à l'autre extrémité du balancier, est tel qu'il doit faire équilibre à la pierre P, quand celle-ci plonge juste de la moitié de son volume dans l'eau. Le fil de laiton passe, en sortant de la chaudière, à travers une boîte à étoupe E, qui doit toujours être en bon état. Le petit trou qui se trouve au fond de la boîte à étoupe, à travers lequel passe le fil de laiton, ne doit pas être surtout plus grand que cela est nécessaire, pour que le fil de laiton y passe juste, mais librement.

Pour bien se rendre compte de la manière dont fonctionne le flotteur, il faut se rappeler qu'un corps qui plonge dans l'eau pèse en moins, de ce qu'il pesait dans l'air, tout le volume d'eau qu'il a déplacé. Ainsi, si nous supposons que la pierre

P de notre flotteur soit, par exemple, d'un volume égal à 4 décimètres cubes, et qu'elle pèse dans l'air 10 kil., quand elle sera plongée entièrement dans l'eau, elle ne pèsera plus que 6 kil. ; elle en aura perdu 4 qui représentent 4 décimètres cubes dont elle aura pris la place. Si cette même pierre, au lieu d'être entièrement dans l'eau, n'y plonge qu'à moitié, cette moitié représentant 2 décimètres cubes, la pierre ne pèsera plus que 8 kil. Si le balancier B a des bras égaux, le poids T devra peser 8 kil. et la pierre n'aura que la moitié de son volume plongé dans l'eau. Dans cette situation le balancier B doit être horizontal, et l'eau dans la chaudière à son niveau normal C (fig. 35). Si l'eau vient à baisser, qu'arrivera-t-il ? Moins la pierre sera dans l'eau et plus son poids augmentera : (car si elle n'était pas du tout dans l'eau, elle pèserait 10 kil.). Alors l'augmentation de poids qu'elle acquiert fait qu'elle suit le niveau de l'eau, en entraînant le balancier auquel elle est fixée et le met dans une position qui n'est plus horizontale ; si, au contraire, l'eau monte au-dessus du niveau normal, la pierre se trouvant plus enfoncée dans l'eau, perd de son poids, et le poids T qui ne varie pas, tend à faire prendre au balancier une position contraire à la précédente, et il est facile, par la position plus ou moins horizontale du balancier, de juger où est le niveau de l'eau dans la chaudière.

Il faut bien observer que dans la disposition que nous venons d'indiquer, l'effort pour faire descendre ou monter le balancier ne dépasse pas 2 kil. Ce qui indique qu'il est convenable d'avoir une pierre d'une assez forte grosseur, afin que la différence de poids qu'elle peut occasionner soit à même de vaincre tout le frottement du fil de laiton dans la boîte à étoupes, qui doit être garnie avec intelligence, de manière à ne pas laisser passer de vapeur le long du fil et encore moins d'être trop bourrée pour empêcher la marche du flotteur.

Le poids du décimètre cube de pierres varie à peu près de $2^k,5$ à 3 kil. En donnant à ces pierres une épaisseur de 13 à 14 centimètres, avec une forme ovale d'environ 24 centimètres pour le petit diamètre, sur 34 pour le grand, on se trouve dans d'assez bonnes conditions. Au reste, je conseillerai toujours à un bon chauffeur de régler lui-même le flotteur, ce qui est assez facile, en régularisant le poids de la pierre dans une cuve contenant de l'eau, au-dessus de laquelle on fixe le balancier sur une planche reposant en travers de la cuve. Si la pierre est trop lourde, il est facile de la diminuer ou d'augmenter le poids qui lui fait équilibre ; si elle était trop légère, il n'est pas convenable d'y ajouter du plomb. Il vaut mieux la remplacer par une plus lourde. En tous cas, il est bien compris que la pierre ne doit plonger que de la moitié de son volume dans l'eau, afin quelle puisse faire déplacer le balancier dans les deux sens.

Si on sait ce que pèse le poids T, et si l'on connait le poids du décimètre cube (c'est-à-dire la densité) de la pierre que l'on doit employer, il est facile de savoir le volume que doit avoir la pierre. Enfin, on peut encore faire ajuster le poids T jusqu'à ce que la pierre flotte convenablement.

On a essayé de remplacer la pierre des flotteurs par des réservoirs en métal que l'on règle en les remplissant plus ou moins avec du sable. Je n'en suis pas partisan.

On adapte souvent au flotteur un sifflet dit d'alarme, qui est disposé de manière à s'ouvrir lorsque le niveau de l'eau dans la chaudière est descendu à un certain point. Ce qui avertit le chauffeur qu'il faut alimenter. L'inconvénient de cet appareil est de siffler presque continuellement à cause des oscillations du flotteur, sifflement qui devient très-désagréable pour les personnes du voisinage. Toutefois, cet inconvénient n'existe pas d'une manière permanente sur certains systèmes de chaudières. La disposition des appareils flotteurs varie selon les constructeurs. Souvent le balancier est remplacé par une poulie.

Si je ne parle pas du flotteur magnétique de M. Lethuillier, c'est que j'ai vu qu'il était presqu'abandonné partout où l'on en avait fait usage.

TUBES INDICATEURS

(66) Le tube indicateur ou jauge (fig. 34)

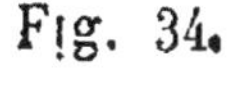
Fig. 34.

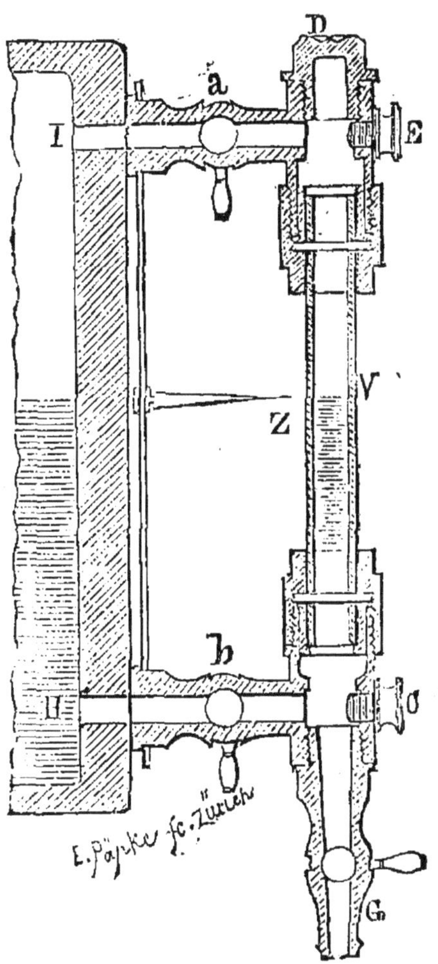

est composé d'un tube de verre V, fixé par ses extrémités dans les boîtes garnies ordinairement de rondelles de caoutchouc, de manière à empêcher la vapeur ou l'eau d'y passer. Ce tube est en communication par le bas en H avec l'eau contenue dans la chaudière ; et par le haut en I avec la vapeur qui occupe la partie supérieure de la chaudière ; cette disposition oblige l'eau de la chaudière à venir dans le tube V au même niveau que celui qu'elle occupe dans la chaudière, et permet par conséquent d'y juger le niveau de l'eau ; *a* et *b* sont deux petits robinets placés entre les communications du tube avec la chaudière ; lorsqu'ils sont fermés, ils permettent de pouvoir remplacer le tube en verre V. G est un robinet placé en dessous du verre et en communication avec lui. Si le robinet B est fermé, et les robinets A et G ouverts, la vapeur de la chaudière vient sortir par ce dernier ; on se sert de ce moyen pour nettoyer le verre V lorsqu'il est sale. D est un bouchon à vis, qui permet également, lorsque les robinets A et B sont fermés et celui G ouvert, de nettoyer le tube V. Pour cela, on se sert d'un chiffon fixé au bout d'une petite baguette de bois. (En employant un fil de fer, on peut faire casser le verre). E et C sont des bouchons à vis, qui ont pour but, lorsqu'il n'y a pas de vapeur dans la chaudière, de permettre de nettoyer les communications entre le tube V et la chaudière ; car lorsque ces tuyaux, qui établissent les communications entre la chaudière et le verre, sont de petits diamètres et d'une certaine longueur, ils peuvent s'obstruer facilement. Ce qu'il faut par conséquent bien surveiller.

On donne ordinairement un centimètre de diamètre au tube en verre V.

Les précautions qui doivent être prises pour en empêcher la casse sont : qu'il reste assez de jeu entre le fond de la boîte et le verre, et que ces verres soient bien recuits et à l'abri des courants d'air. On doit en avoir toujours plusieurs de rechange ; car, qu'ils soient en verre ou en cristal recuit, ils cassent encore trop souvent.

Lorsqu'un de ces tubes casse pendant la marche de la machine, on doit s'entortiller la main et le bras avec un linge mouillé avant de fermer les robinets, et s'y prendre avec les précautions nécessaires pour ne pas être brûlé.

Il est à remarquer que lorsque la chaudière est refroidie, le niveau des indicateurs se trouve plus faible que lorsque la chaudière indique une certaine pression, bien que la quantité d'eau, dans ces deux cas, soit la même.

Le chauffeur intelligent, lorsqu'il aura constaté lui-même avec exactitude le niveau de l'eau dans la chaudière, lorsque celle-ci est encore ouverte, et que sans avoir alimenté ni travaillé, la vapeur indiquera la pression à laquelle il travaille ordinairement, la différence de niveau qu'il observera le mettra à même de savoir à quoi s'en tenir, et à fixer l'indicateur Z au niveau normal C (fig. 35).

(67) Les robinets jauge (fig. 35) sont ordinairement au nombre de deux, E G (rarement trois), fixés sur le dessus de la chaudière, auxquels est adapté à chacun, dans l'intérieur de la chaudière, un tube en cuivre ou en fer d'environ 25 millimètres de diamètre intérieur.

La longueur du tuyau fixé au robinet G, doit être telle qu'il s'enfonce jusqu'à la ligne du niveau normal C, dans l'intérieur de la chaudière; lorsqu'on ouvrira ce robinet G, il sortira de l'eau tant qu'il en sera recouvert, et de la vapeur dès que l'eau se trouvera en dessous de son orifice.

Fig. 35.

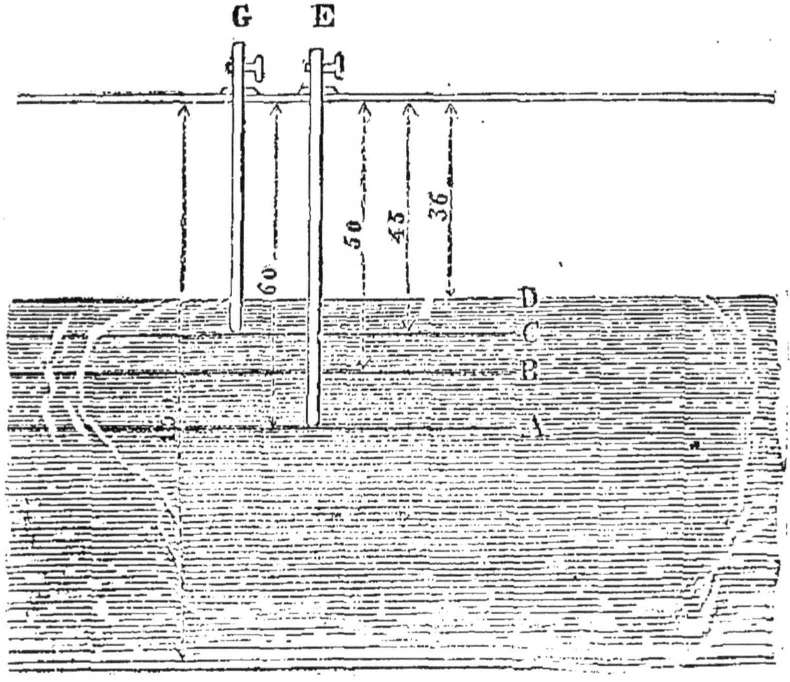

La longueur du tuyau fixé au robinet E, doit être telle, qu'il plonge dans l'eau de la chaudière jusqu'au niveau de la partie supérieure des carneaux. Ce robinet E, quand on l'ouvre, doit toujours donner de l'eau. On ne doit jamais alimenter sans être certain qu'il en donne; il ne doit jamais donner de vapeur, car dans ce dernier cas, il faudrait bien se garder d'alimenter; on laissera marcher la machine, on jettera le feu bas et on attendra que la machine s'arrête d'elle-même. On laissera refroidir la chaudière avant d'y remettre la quantité d'eau nécessaire. Il sera même prudent de la visiter avant de la remettre à feu.

Lorsque l'on travaille à une haute pression et que l'on ouvre les robinets jauge, ce n'est que par une habitude pratique que l'on sait bien distinguer si c'est de l'eau ou de la vapeur qui en sort. Cette distinction est facilitée en dirigeant le jet contre une planche.

Il sera convenable de faire des comparaisons avec les autres indicateurs.

Quoiqu'il en soit, on conçoit que si le robinet G fournissait de la vapeur, il ne faudrait pas alimenter avant d'avoir ouvert le robinet E, et s'être bien assuré qu'il fournit de l'eau; sans cette précaution, le niveau de l'eau pourrait être en dessous du niveau A, et en alimentant dans de telles conditions, un accident serait bien à craindre.

Nous devons observer qu'il est bien essentiel que la chaudière soit posée de niveau, car sans cette condition on pourrait être induit en erreur sur le niveau de l'eau, par rapport aux carneaux qui doivent être horizontaux.

(68) Après avoir indiqué les moyens de connaître à quelle hauteur est le niveau de l'eau dans les chaudières, nous avons à nous occuper des appareils avec lesquels on les alimente. Le plus usité, est une simple pompe foulante, telle que nous l'avons décrite (12), avec les observations qui sont nécessaires à son emploi.

Cette pompe a une très-grande importance, car si l'on s'apercevait qu'elle ne fonctionne pas, il faudrait arrêter tout de suite la machine, afin que le niveau de l'eau dans la chaudière ne vienne, dans aucun cas, descendre au-dessous ou même trop près de la ligne A (fig 35) qui est celle de la partie supérieure des carneaux qui est en contact avec la chaudière.

Dans certains pays, on exige que la pompe alimentaire soit placée plus bas que le réservoir où elle s'alimente, ce qui offre plus de sécurité pour sa marche.

Comme l'eau de la chaudière, lorsqu'on n'alimente pas, remplit le tuyau d'alimentation qui conduit l'eau de la pompe dans la chaudière, ce tuyau est presque toujours d'une température plus élevée, que lorsqu'on alimente, car bien que l'eau d'alimentation soit ordinairement chaude, sa température en est toujours plus basse que celle contenue dans le tuyau lorsqu'il est rempli d'eau venant de la chaudière. En prenant ce tuyau avec la main, il est facile par sa différence de température de juger si on alimente ; enfin, souvent lorsqu'on alimente, on entend le jeu des soupapes, on voit la marche que suit le flotteur, ainsi que le niveau de l'eau dans le tube de verre, et si la pompe ne fonctionnait pas on s'en apercevrait. Toutefois il faut que l'alimentation dure environ 10 minutes, pour en juger sûrement.

Enfin, dès que l'on alimente, la vapeur a une tendance à baisser ce qui peut encore servir d'indice.

Les causes principales qui peuvent empêcher la pompe alimentaire de fonctionner, sont l'usure ou un corps étranger empêchant la soupape supérieure de se fermer ; dans ce cas, l'eau de la chaudière vient jusqu'à la soupape inférieure et l'empêche de fonctionner. Un corps étranger interposé entre la soupape inférieure empêche aussi l'alimentation. Enfin, le tuyau d'aspiration de cette pompe peut être obstrué ou percé.

Si on fait la visite des organes de cette pompe, pendant la marche de la machine, cela ne devra se faire qu'avec les précautions indiquées (12) et sans perdre de vue la hauteur de l'eau dans les chaudières ; il vaut toujours mieux arrêter la machine que de commettre une imprudence.

(69) Dans certaines circonstances, on peut employer l'appareil Giffard pour alimenter les chaudières. On l'emploie presqu'exclusivement pour les locomotives et les locomobiles, l'ali-

mentation s'y faisant avec de l'eau froide ; car avec de l'eau chaude, il fonctionne beaucoup moins bien, et il ne peut guère aspirer l'eau, d'une manière bien certaine, à plus de 2 mètres 50 centimètres.

Le grand avantage de cet ingénieux appareil, est de pouvoir alimenter la chaudière sans que la machine marche, un jet de vapeur suffit pour produire l'alimentation.

Il est assez difficile de bien se rendre compte, d'une manière satisfaisante, de la marche de cet appareil ; à ce sujet, on pourra consulter :

Le Bulletin de la Société d'encouragement, 2me série, T. VI, p. 337.

Traité de chauffage et de la conduite des machines à vapeur, par Pérard, p. 61.

Catéchisme des chauffeurs, p. 63.

La fig. 36 représente une coupe longitudinale de cet appareil.

A arrivée de la vapeur, B arrivée de l'eau froide, C tuyau de décharge, D tuyau conduisant l'eau d'alimentation dans la chaudière.

Pour faire fonctionner cet appareil, on ouvre

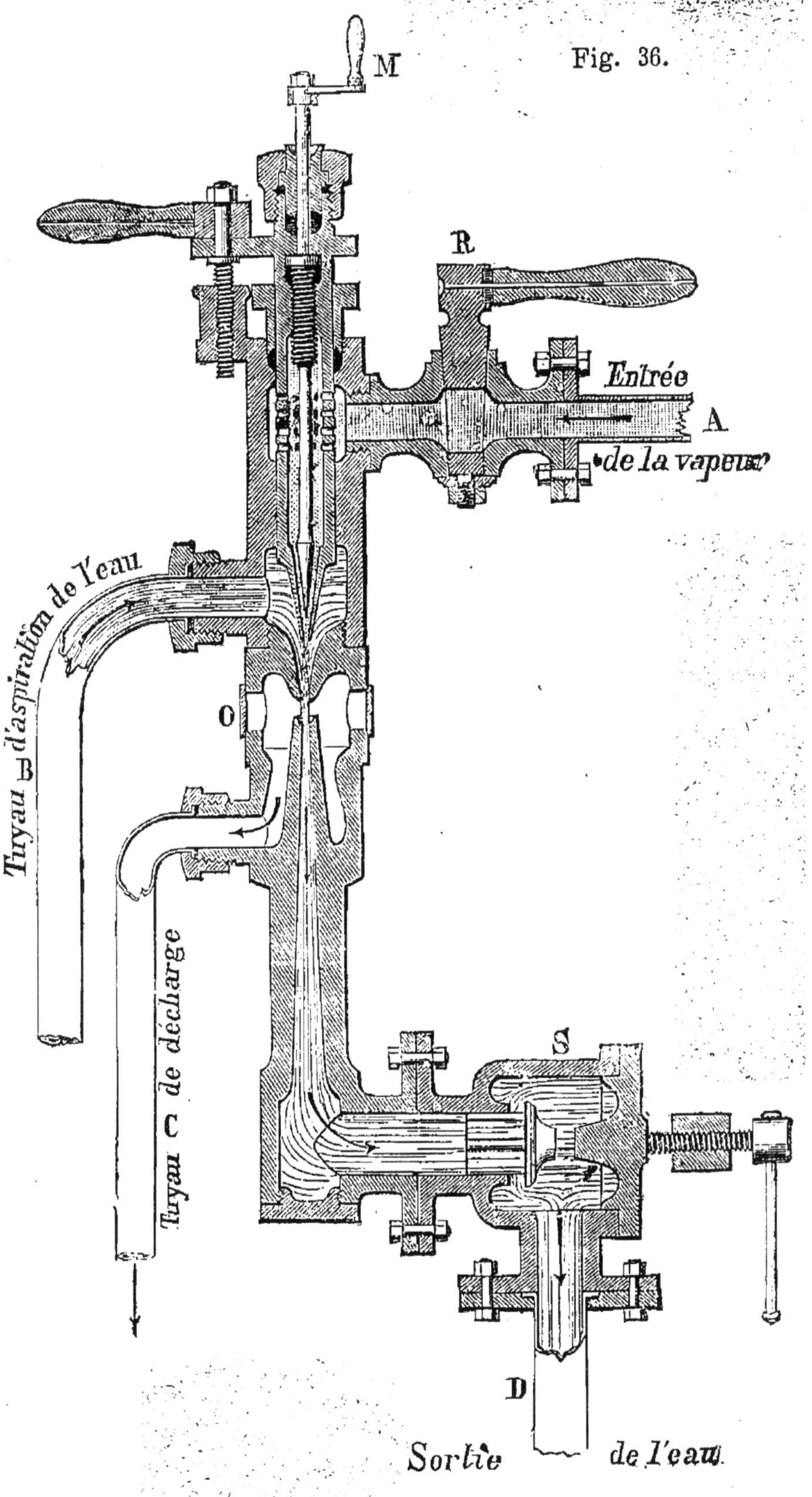
Fig. 36.
M
R
Entrée
A
de la vapeur
Tuyau B d'aspiration de l'eau
O
Tuyau C de décharge
S
D
Sortie de l'eau

le robinet R, puis au moyen de la manivelle M, on soulève très-peu le cône qu'elle fait mouvoir; par le vide qui se produit dans ce moment, l'eau arrive par le tuyau B dans l'appareil et elle y est chassée avec assez de force pour ouvrir la soupape S et s'introduire dans la chaudière par le tuyau D.

Dès que l'alimentation a lieu, elle se règle par le cône plus où moins ouvert que la manivelle M fait mouvoir. O est un regard par lequel on peut voir le passage de l'eau. C sert à évacuer le peu d'eau qui vient parfois se rendre dans l'espace où ce tuyau communique.

Sans recourir à la théorie assez compliquée de la marche de cet appareil, on conçoit que pour qu'il marche, un certain vide doit se produire dans l'appareil à l'extrémité du tuyau B, vide qui se produit très-probablement, par une certaine quantité de vapeur condensée par l'eau froide qu'elle rencontre ; ce qui fait que l'eau vient se jeter dans cette partie de l'appareil. Toutefois, cette explication ne suffit pas pour faire comprendre l'arrivée de l'eau quand l'appareil commence à fonctionner.

Il faut ensuite que l'eau arrivée à cet endroit soit entraînée par un courant de vapeur dans la direction de la chaudière, avec une vitesse assez grande, pour vaincre la pression exercée par la vapeur sur la soupape S.

(70) Enfin, on donne le nom de petit cheval à une petite machine à vapeur ne faisant mouvoir qu'une pompe alimentaire, ce qui permet également d'alimenter les chaudières sans que la machine marche.

L'emploi du petit cheval, dans les grands établissements, est très en usage, par les services qu'il rend, surtout lorsqu'une machine a plusieurs chaudières à alimenter.

(71) Il y a encore l'alimentation des chaudières, dites par le retour d'eau qui est peu en usage. Le chauffeur qui aura compris les notions qui précèdent s'en rendra parfaitement compte par un simple examen.

DES INCRUSTATIONS ET DÉPOTS DANS LES CHAUDIÈRES.

(72) Nous avons vu (37) que l'eau dont on peut disposer pour alimenter les chaudières, contient presque toujours en plus ou moins grande quantité, des matières étrangères fixes, qui ne s'en vont pas en vapeur avec les eaux qui les contiennent en dissolution, d'où il suit que chaque fois que l'on alimente, on introduit dans la chaudière une certaine quantité de ces matières fixes. L'eau ne pouvant contenir en dissolution qu'une certaine quantité de ces matières par litre, dès que cette quantité est dépassée, ces matières deviennent solides et se déposent. Lorsque l'eau contient une quantité de ces matières telle qu'elle ne peut plus en dissoudre davantage, on dit qu'elle est saturée. La saturation de l'eau peut varier en plus ou en moins, selon sa température et la nature des matières qui y sont en dissolution, selon la nature des eaux dont elles proviennent ; ces matières sont très-variables, elles font des dépôts sur les

parois des chaudières, qui, au bout d'un mois, peuvent acquérir l'épaisseur de plus d'un centimètre. Comme on a bien de la peine à enlever ces dépôts, même avec des burins, à coup de marteau, ce qui abîme baucoup les chaudières. Si on veut bien réfléchir qu'avec certaines dispositions de chaudières, il est très-difficile d'enlever ces dépôts, on sentira l'importance d'avoir de bonnes eaux pour les alimenter; quand cela n'est pas possible, l'avantage qui résulte d'empêcher l'incrustation de ces dépôts.

Le désaccord qui existe sur le plus ou moins d'efficacité du grand nombre de recettes indiquées pour obtenir ce résultat, provient très-probablement, qu'une recette peut être bonne pour certaines eaux et inefficace pour d'autres; que la quantité d'ingrédients que l'on introduit dans une chaudière, n'agit que pendant un certain temps. La variété de construction des chaudières fait que l'on ne peut employer pour toutes les mêmes procédés.

Voici les observations que j'ai pu faire moi-même. Il est bien certain que dans presque tous les systèmes de chaudières, il s'établit des courants qui charient continuellement les dépôts, lorsque ceux-ci ne sont point fixés.

La direction des courants varie avec la disposition des chaudières. Avec chaudières à bouilleurs recevant directement l'action de la flamme, les 3/4 des dépôts ont lieu dans ces bouilleurs. Il en est de même avec les tubes latéraux. Avec certaines qualités d'eau, j'ai eu souvent l'occasion de remarquer qu'une chaudière, qui avait marché cinq semaines de suite sans en avoir laissé sortir d'eau, et qui avait été arrêtée les samedis soir, et remise en train les lundis matin, on y trouvait très-distinctement 5 couches de dépôts ; ce qui semble indiquer que très-souvent les dépôts ne se fixent sur les parois de la chaudière que lorsque celle-ci est en repos.

De là est venue l'habitude, quand on n'y trouve pas trop d'inconvénients, de vider l'eau des chaudières avant le repos et quand il y a encore un peu de vapeur dedans, afin que l'eau soit chassée avec force. Les dépôts qui y existent à l'état de boue en suspension, sont dans ce cas entraînés avec l'eau. On donne issue à l'eau par de gros robinets dits de vidange, placés de manière que l'eau contenue dans les chaudières et les bouilleurs, puisse s'en écouler aussi complétement que possible ; il est inutile de remarquer que cette manœuvre ne doit se faire qu'avec les précautions nécessaires. Souvent, on se contente aussi de ne laisser sortir qu'une certaine quantité d'eau de la chaudière, que l'on remplace par de l'eau nouvelle partout où l'on fait usage de chaudières tubulaires, on se débarasse de l'eau saturée le plus souvent possible, quelquefois continuellement où toutes les 3 ou 4 heures ; cela est surtout nécessaire avec les eaux de la mer, dans le but d'éviter les dépôts qui y sont si difficiles à enlever.

Il est bien certain, que le carbonate de soude est, dans presque toutes les circonstances, très-efficace pour empêcher les dépôts, et qu'il peut même détruire ceux déjà formés. La quantité à employer doit être étudiée, puisqu'elle doit varier selon la quantité des eaux et le temps que la chaudière reste à feu.

On a fait le reproche, à l'emploi du carbonate de soude, d'être entraîné mécaniquement dans les cylindres, de saponifier les graisses et faire du cambouis. Sous ce rapport, je n'ai pu constater qu'il soit véritablement nuisible.

La peinture intérieure de la chaudière (lorsque celle-ci est bien propre), en employant pour cela du goudron de bois, ou un mélange de goudron et de plombagine, peut empêcher, mais pour peu de temps seulement, la cristalisation des dépôts.

L'emploi de petites bûches de bois de chêne, avec certaines eaux, empêche aussi les dépôts de s'incruster.

La dissolution de cachou dans l'eau chaude, additionnée d'un peu de goudron de bois, m'a parfaitement réussie. Il est bon d'en introduire toutes les semaines dans les chaudières, ce qui peut se faire lorsqu'il n'y a plus de vapeur dans la chaudière, en en versant par les soupapes de sureté au moyen d'un entonnoir.

Pour les chaudières qui ne sont pas tubulaires, les rognures de tôle de cinq à six centimètres de longueur produisent un très-bon effet, en facilitant le dégagement de la vapeur, en empêchant les soubresauts et aussi jusqu'à un certain point les dépôts; elles peuvent être employées en même temps que la dissolution de cachou.

Quelques auteurs ont dit que les rognures de tôle usaient les chaudières par leur frottement; s'il y a usure, je puis assurer que les chaudières en souffrent bien moins, que d'un martelage pour en détacher les incrustations.

On a employé aussi le moyen de purifier les eaux par des dissolutions de baryte et aussi de chaux, avant de les introduire dans les chaudières. Ce procédé, qui est bon, présente des difficultés à l'emploi, c'est pourquoi on préfère souvent d'ajouter la dissolution de baryte dans les chaudières.

L'emploi de l'acide chlorydrique employé convenablement et étendu d'eau, peut rendre service pour le nettoyage des chaudières, lorsque leurs dépôts y sont solubles. Il ne doit pas être mis en contact avec les masticages de fonte, que l'on recouvre à cet effet d'un colombin de terre glaise.

On doit arrêter l'action de l'acide avant que le dépôt ne soit entièrement dissous; de cette manière, les chaudières ne sont pas attaquées d'une manière nuisible, comme on pourrait le craindre, et la petite couche de dépôt qui reste est très-friable.

Enfin, on fait usage depuis quelque temps d'un procédé qui agit au moyen de l'électricité et qui passe pour être très-bon ; mais pour en obtenir de bons résultats, les personnes qui en ont fait usage, m'ont assuré que cela exige des soins particuliers et une pile électrique bien entretenue. C'est l'appareil de M. Black, l'américain, qui est le plus en usage.

En résumé, je conseillerai la dissolution concentrée de cachou, additionnée d'un dixième de goudron de bois, et la peinture intérieure de la chaudière avec goudron de bois ; celle-ci doit être parfaitement propre avant d'y appliquer cette peinture ; si la construction de la chaudière le permet, on y mettra avec avantage quelques rognures de tôle.

Les déchets de coton filé, bouts de mèches, etc., sont très-efficaces, mais dangereux à employer, surtout dans les chaudières à bouilleurs ; car ils se mettent en pelotte et peuvent en boucher les tubulures, de manière à empêcher l'eau de s'y introduire, ce qui m'est arrivé. On devra donc ne les employer que dans les chaudières simples. On a remarqué que les eaux provenant des puits des houillères, ne donnaient pas de dépôts dans les chaudières, mais que souvent elles attaquaient les cylindres.

Il ne faut pas oublier qu'une chaudière bien propre, et dont les carneaux le sont également, consomme bien moins de charbon que dans le cas contraire. Ce qui engage pour ces nettoyages, quelque pénibles qu'ils soient, à ne jamais y mettre de négligence.

On trouve dans le *Bulletin de l'Association scientifique*, juillet 1870, page 15, la recette suivante, donnée par M. Weiss, de Bâle :

5 pour 100 de mélasse ou sirop de betteraves.
15 pour 100 de lait de chaux sur 3 parties d'eau.
80 pour 100 de lessive de soude à 34 dégrés Baum

DES SOINS ET DE L'ENTRETIEN QUE DES MACHINES A VAPEUR EXIGENT.

(73) Les soins d'entretien que les machines à vapeur exigent, afin qu'elles ne se détériorent pas promptement, sont d'un tout autre genre que ceux des chaudières.

Dans les machines à vapeur, dont tous les organes sont en mouvement, lorsqu'elles fonctionnent, malgré tous les soins que l'on puisse y apporter, il finit toujours par y avoir usure. Dès qu'il y a usure, les organes de la machine ne se trouvent plus dans des conditions normales; si la machine continue à marcher dans de telles conditions, elle se détériore promptement, et il peut même en résulter des accidents.

Tous les soins de la personne chargée de la machine, doivent donc tendre continuellement à ne pas laisser aggraver le mal dès qu'elle s'en aperçoit, et aussi, à plus forte raison, à prendre les précautions nécessaires pour qu'il ne se produise pas.

Lorsqu'un tourillon s'échauffe, on fait presque toujours cesser cet inconvénient en le graissant avec un mélange de graisse et de fleur de soufre.

DES BOURRAGES DES BOITES A ÉTOUPES.

(74) Pour empêcher les fuites de vapeur, les bourrages se font ordinairement pour les petites boites, avec des mèches de coton non tordues et quelquefois même avec des déchets de coton, rognures de mèches, etc., etc., que l'on imbibe de suif ; dans ce dernier cas, une précaution indispensable consiste surtout à ne pas employer de déchets contenant des graviers, ce qui arrive souvent ; sans cette précaution, les tiges sont promptement abimées.

Pour les grosses boites, garnitures des tiges de piston, on emploie de préférence le chanvre long en tresses non tordues imbibées de suif.

On ne doit pas serrer les couvercles des boîtes, plus qu'il n'est nécessaire pour que la vapeur ne s'en échappe pas, ils doivent être serrés également de manière que la tige en occupe bien le centre.

Les bourrages doivent être renouvelés, quand ils sont trop anciens, ce que l'on voit quand ils deviennent trop durs et qu'ils se carbonisent.

Il y a des bourrages de petites boîtes, lorsqu'elles n'ont pas à supporter une chaleur trop élevée, où les rondelles de caoutchouc peuvent être employées avec avantage.

DES JOINTS.

(75) Les joints selon leur destination et leur mode d'assemblage se font de bien des manières, car on recherche l'économie avec la solidité.

Les joints pour tuyaux de pompe ou conduites d'eau, se font souvent avec des rondelles de plomb, soit avec du plomb coulé dans le joint, le tout maté, soit avec des rondelles de carton goudronné (le carton doit être de bonne qualité), soit avec des tresses de chanvre goudronnées provenant de vieilles cordes, soit avec du cuir enduit de suif.

Le caoutchouc est très-bon, car il peut supporter les effets de dilatation et les secousses sans inconvénient, mais le prix de 8 francs le kilog. en restreint l'emploi et il ne saurait non plus être employé où la température est élevée.

Pour les joints destinés à empêcher les fuites de vapeur, on emploie généralement le mastic de fonte, le mastic au minium, le mastic serbat et le mastic diamant.

Le mastic de fonte s'emploie surtout pour les joints qui ne doivent pas être démontés, ou du moins rarement, pour les tuyaux à moufle, pour le raccordement des bouilleurs aux chaudières.

L'inconvénient de ce mastic est de ne pas se prêter aux dilatations, et comme on ne peut les éviter, il s'y manifeste souvent des fuites ; mais comme c'est celui qui résiste le mieux au feu, il est néanmoins d'un emploi indispensable et général.

Le mastic rouge, dit au minium, s'emploie surtout pour joints, dont les assemblages offrent des surfaces planes, couvercles de cylindres.

Les mastics serbat et diamant s'emploient dans les mêmes circonstances.

COMPOSITION DES MASTICS.

(76) Mastic de fonte :

Limaille de fonte non rouillée	100
Fleur de soufre	4
Sel ammoniac	2

Ce mastic demande à être employé frais, dès que le mélange est fait aussi intimement que possible, on l'humecte avec de l'eau, de manière à obtenir une pâte très-épaisse, ce mélange s'échauffe beaucoup; on l'introduit alors par petite portion dans le joint, on le mate très-fortement à coups de marteau. Il est bon de ne pas en préparer plus qu'on ne peut en employer pendant un quart d'heure; enfin, en le couvrant d'eau, il peut encore se conserver pendant deux à trois jours.

Ce mastic s'emploie aussi quelquefois à chaud. Quelques personnes l'emploient aussi très-délayé; mais dans ce dernier cas, il faut attendre avant de l'exposer à l'action de la chaleur et n'employer que de la limaille très-fine; ce dernier mode d'emploi n'est convenable que pour des joints très-étroits que l'on ne peut pas mater.

On obtient également un mastic résistant bien au feu, avec un mélange à parties égales de limaille non oxydée et d'argile (Berzélius, *Traité de chimie*).

Comme avec ce mastic, on obtient une pâte plastique, il peut rendre service. Il ne doit pas être exposé à l'action de l'eau avant qu'il ne soit durci.

MASTIC AU MINIUM.

Ce mastic est composé de parties égales de minium et de céruse, auxquels on ajoute de l'huile de lin, ou autre huile siccative, autant qu'il est nécessaire pour obtenir une pâte assez molle pour pouvoir encore l'employer.

On obtient une petite économie en substituant moitié minium de fer au minium de plomb.

Ce mastic est d'autant meilleur, que la céruse et le minium sont purs et qu'il contient le moins d'huile possible, moins on met d'huile plus le battage de ce mastic est indispensable pour l'obtenir en pâte convenable. On emploie souvent la céruse toute préparée à l'huile, telle qu'on la trouve dans le commerce, à laquelle on ajoute du minium en poudre jusqu'à consistance convenable.

Ce mastic s'emploie surtout pour les joints à surface plane et ceux que l'on renouvelle surtout pour cause de démontage.

Ce mastic au minium s'emploie rarement seul, on préfère en enduire des filaments de chanvre, du carton, de la toile, de la toile métallique, des rondelles de plomb entortillées de chanvre; quand les joints avec ce mastic contenant peu d'huile, sont bien faits, ils peuvent être mis à l'usage de suite.

Le mastic diamant (ou au zinc) se prépare à l'huile comme le précédent, il durcit très-vite.

Le mastic serbat s'emploie dans le même cas que celui au minium. Il doit être bien battu avant son emploi et n'a pas besoin d'huile, mais il sèche moins vite que celui au minium. Sa composition indiquée dans différents ouvrages est :

Sulfure de plomb	72
Peroxyde de manganèse	54
Huile de lin	13

Les fils de cuivre sont employés aussi, mais seulement pour des surfaces très-bien dressées. L'usage en est peu répandu.

Si je n'insiste pas sur une infinité de petits détails, c'est que je pense que l'expérience seule peut les apprendre.

RÉSUMÉ DES MOYENS AYANT POUR BUT D'ÉVITER LES EXPLOSIONS.

(77) Bien qu'il y ait eu des explosions de chaudières à vapeur dont les causes peuvent laisser des doutes, on est parfaitement d'accord sur celles qui peuvent en produire. On a beaucoup écrit sur ce sujet, et dans presque tous les ouvrages concernant la conduite des machines à vapeur, on y trouve des chapitres qui y sont consacrés. M. A. Ortolan a publié

d'excellents articles sur ce sujet dans les *Annales du Génie civil* (août 1862, février 1867).

Si je viens encore ajouter quelques conseils à tous ceux qui ont déjà été donnés, je pense que les personnes qui ont été témoins des terribles catastrophes causées par des explosions de chaudières, reconnaîtront que des conseils donnés dans le but de les éviter ne sauraient être trop répétés, d'autant plus que j'écris pour des ouvriers chauffeurs, eux qui y sont le plus intéressés.

Une chaudière à vapeur doit être considérée par celui qui en a la direction comme un appareil dans des conditions très-actives de destruction; les parties exposées continuellement à un feu très-vif souffrent plus que celles qui en sont éloignées; ce sont donc ces parties qui demandent le plus de surveillance.

Les principales causes qui contribuent le plus activement à la détérioration des chaudières sont: 1° l'emploi des houilles très-sulfureuses, surtout lorsque l'on fait usage de gros morceaux, et que l'on met des couches très-épaisses de ce combustible sur la grille; 2° mauvaise construction d'autels qui en rétrécissant trop le passage de la flamme, à l'endroit où elle est le plus active, fait que celle-ci agit dans ce cas comme le dard d'un chalumeau, et lorsque cette flamme, qui est à une très-haute température, vient à donner sur un assemblage des tôles, cet assemblage en souffre beaucoup, la tôle qui dépasse les rivets se fendille, et les suintages se manifestent; 3° lorsque l'eau employée fournit des dépôts que l'on n'a pas su éviter et qui se fixent aux parois de la chaudière, si on leur a laissé prendre une certaine épaisseur, la détérioration de la chaudière au coup de feu (au-dessus de l'autel) peut se produire en très-peu de temps. C'est surtout dans les ateliers de chaudronnerie, où il y a des chaudières en réparation, où l'on peut le mieux s'assurer de la réalité des observations qui précèdent; 4° les suintements qui ont souvent lieu par les assemblages, robinets, prises de vapeur, qui se trouvent à la partie supérieure des chaudières et qui produisent des gouttes d'eau qui en tombant vont en atteindre les parois, sont aussi une cause très-active de destruction qu'il faut éviter.

J'ai eu souvent occasion de remarquer qu'où ces gouttes d'eau tombaient, de grandes écailles d'oxyde noir de fer se détachaient continuellement des chaudières. Une bonne peinture, un goudronnage peuvent sans doute en diminuer les effets, mais on ne doit pas s'y fier, et tant qu'on n'a pas pu empêcher ces suintements, il sera bon, d'en éloigner l'eau hors de la portée des chaudières, soit par un petit chenau ou par tout autre moyen.

Quelques auteurs, dans le but de faciliter le nettoiement des incrustations, ont conseillé, lorsque la chaudière est vide, d'y faire un petit feu dans l'intérieur ou dessous.

Ce procédé qui ne serait applicable qu'avec certaines dispositions de chaudières, n'est pas très-recommandable, pas plus que de jeter de l'eau froide dans la chaudière lorsqu'elle est vide et encore très-chaude.

Un bon chauffeur devra donc être très-attentif à éviter autant que possible toutes les causes de détérioration; car une chaudière abîmée n'est plus dans des conditions de sûreté et peut être la cause d'une explosion.

Une chaudière fixe, qui a été bien conditionnée et bien soignée, si l'eau avec laquelle on l'alimente est bonne, peut avec quelques réparations faire un service de 20 à 30 ans; tandis que quelques heures de mauvaise conduite peuvent la mettre hors de service ou forcer à y faire des réparations.

Le chauffeur devra, chaque fois qu'une chaudière est hors de feu, la visiter très-consciencieusement, examiner surtout l'endroit où le feu est le plus vif. Pour cela, il ôtera les grilles du foyer afin de pouvoir bien examiner avec une lampe, si les bords des tôles ne sont pas fendillées. S'il aperçoit des ampoules, il ne faut pas hésiter à bien reconnaître leur état, soit en frappant dessus, des deux côtés de la chaudière, soit au besoin en y faisant un petit trou; c'est à l'intelligence du chauffeur et des chaudronniers surtout, à juger si une tôle doit être remplacée ou si une pièce peut suffire.

Lorsque l'on est obligé de mettre une pièce à un bouilleur ou à une chaudière, la partie de la tôle qui est à remplacer doit être enlevée, afin de n'avoir jamais double épaisseur, et la pièce doit être mise à l'intérieur, afin d'éviter un nid à dépôts.

Toutes les pièces dépendant de la chaudière qui sont visibles, doivent être tenues proprement, afin d'éviter qu'elles ne soient attaquées par la rouille. J'ai vu à l'extrémité de bouilleurs, la partie qui en dépassait la maçonnerie, entièrement percée par la rouille, parce que le dessous de ces bouilleurs reposait sur de la terre humide et s'y trouvait enterré de 4 à 5 centimètres.

Tous les organes qui ont rapport à la chaudière doivent toujours être dans un parfait état, afin que l'on soit toujours assuré qu'ils remplissent chacun leurs fonctions. Un flotteur sur les indications duquel on compterait et qui ne marcherait pas, pourrait être la cause d'un accident.

Les moments d'arrêt et de mise en train réclament l'attention toute particulière des chauffeurs ; car on sait que c'est précisément dans ces circonstances qu'il est arrivé le plus d'explosions. Pendant les arrêts, la tension de la vapeur peut monter très-vite, et lorsque les temps d'arrêt se prolongent plus que l'on ne le suppose, il est très-urgent de consulter très-souvent le manomètre, afin de savoir ce qu'il en est; malgré les soupapes de sûreté, si la tension de la vapeur gagnait trop vite, il faudrait jeter le feu bas.

(78) Je considère un petit robinet placé sur la chaudière, permettant de laisser sortir un jet de vapeur, comme très-utile ; car selon moi c'est une très-bonne précaution à prendre, que de laisser toujours, dans les moments d'arrêt, un petit jet de vapeur s'échapper de la chaudière.

Quand on est forcé de s'arrêter, sans y être préparé, on devra de suite fermer le registre presqu'entièrement. Le robinet de la mise en train ne doit jamais s'ouvrir brusquement, mais toujours lentement.

Il est à peine utile ici de répéter que jamais les soupapes de sûreté ne doivent être surchargées, quand bien même elles laisseraient échapper de la vapeur, ce qui arrive très-souvent. Le chauffeur qui aura bien compris le rôle des soupapes, s'en gardera certainement bien, car c'est un des bons moyens de protection pour sa vie.

Si par une cause quelconque, le niveau de l'eau dans la chaudière se trouvait en dessous de la partie chauffée par les carneaux, dans ce cas surtout, ne pas alimenter, jeter le feu bas, ou le couvrir de cendres ou de terre, fermer le registre presqu'entièrement, laisser marcher la machine, jusqu'à ce qu'elle s'arrête faute de vapeur.

Avant que la machine ne s'arrête, on ouvrira lentement le petit robinet donnant issue à la vapeur, comme nous l'avons déjà recommandé (78).

Lorsque la machine sera arrêtée, qu'il ne sortira plus de vapeur par le petit robinet, que l'on a dû ouvrir, avant d'arrêter la machine, enfin lorsque l'on sera certain qu'il n'y a plus du tout de tension dans la chaudière, on pourra ouvrir le trou d'homme et cela avec précaution, car au moment de l'ouverture, il peut en sortir une bouffée de vapeur dangereuse. Lorsque l'abaissement de température de la chaudière, aura permis de la visiter, si on y a pas reconnu d'avaries dangereuses, on pourra y remettre de l'eau et rallumer le feu.

Comme c'est à la cause du niveau trop bas de l'eau dans la chaudière que l'on attribue le plus grand nombre d'explosions, on devra y être très-attentif. En voici les raisons : Lorsque sur de la fonte ou de la tôle chauffée à un certain degré, même avant qu'elle ne soit arrivée au rouge sombre, si on y projette une goutte d'eau, elle est réduite instantanément en vapeur, et cela produit le même effet que si on y avait jeté de la poudre (voyez les observations de M. de Boutigny).

Si donc, dans l'intérieur d'une chaudière fermée, de l'eau venait à être projetée sur du fer à la température dont nous avons parlé, une très-grande quantité de vapeur pourrait se produire instantanément et occasionner une explosion. Les soupapes, dans ce cas, seraient loin de pouvoir donner issue instantanément à l'énorme quantité de vapeur qui aurait pu se produire.

Si on veut bien se rappeler que la vapeur à 100 degrés occupe 1700 fois autant de volume que l'eau qui l'a produite, on jugera par là ce qui peut se passer dans de semblables circonstances.

On comprendra sur l'état du niveau de l'eau dans les chaudières, l'importance que l'on doit attacher aux pompes alimentaires, flotteurs, niveau d'eau de l'indicateur, etc., etc. Si une chaudière à vapeur est si sujette à se détériorer, il s'ensuit que ce sera toujours une très-bonne précaution de l'essayer chaque fois que l'on pourra conserver de l'incertitude sur son bon état.

Lorsque l'on a une pompe foulante à sa disposition, cet essai est très-facile à faire. Le chauffeur intelligent en se guidant sur son manomètre pourra le faire sans le secours d'un ingénieur.

Nous ajouterons encore les observations suivantes, publiées par l'Association scientifique de France, n° 50.

Une explosion eut lieu, dans une filature de lin. La chaudière était chauffée intérieurement ; elle avait 18 pieds de longueur, 4 pieds 9 pouces de diamètre, 1 pied 6 pouces dans le fourneau ; l'épaisseur des plaques était de 3/8 de pouce. C'était une chaudière neuve, elle n'avait travaillé que pendant quinze jours, les fabricants l'avaient garantie comme pouvant supporter une pression très-supérieure. Cependant on remarqua une fuite à la plaque de l'extrémité de l'arrière ; aussitôt le maître et les ouvriers de monter sur la chaudière, armés de marteaux, de ciseaux froids, et de marteler, de calfater la partie défective et cela avec une haute pression. Le résultat pouvait être prévu : au bout d'un instant, la plaque, le maître, les ouvriers sont lancés à des distances incroyables, la machine détruite, la filature incendiée complétement.

Nous ne saurions condamner trop vivement la coutume de calfater les chaudières lorsqu'elles sont sous haute pression. Il y a 9 ans, à Manchester, une chaudière de locomotive fit explosion précisément tandis qu'on calfatait les joints ; 6 personnes furent tuées. Beaucoup de faits analogues sont à notre connaissance, nous trouvons inutile d'en parler.

En résumé, quand on a une chaudière faite avec de bonne tôle et bien construite, et surtout offrant suffisamment de surface de chauffe pour que, dans aucun cas, on ne soit obligé de forcer le feu afin de pouvoir fournir la quantité de vapeur nécessaire à la marche de la machine, lorsqu'elle sera gouvernée avec les précautions qui sont recommandées, il est bien certain que les risques d'explosion seront à peu près nuls.

MISE EN MARCHE DES MACHINES A VAPEUR.

Comme il y a quelques précautions à prendre pour la mise en marche, nous allons indiquer les plus indispensables.

La machine doit être dans une position telle que la manivelle soit au delà du point mort; on la graissera et lorsque la tension de la vapeur approchera du point convenable pour la mise en train, on ouvrira les robinets purgeurs; lorsque la machine sera suffisamment échauffée, pour qu'il n'y ait pas excès de condensation, on ouvrira doucement le robinet qui met la vapeur en communication avec le piston, en ayant bien soin d'avertir dans les ateliers au moyen d'une sonnette, que la machine va se mettre en marche.

Lorsque le cylindre des machines est vertical, on préfère, pour faciliter la sortie de l'eau de condensation, commencer par introduire la vapeur au-dessus du piston.

Pour plus de clarté, nous allons donner un exemple de la mise en marche d'une machine horizontale avec condensation.

Nous choisissons pour cela une machine de la maison Farcot (voir la planche, fig. 38), comme celle dans lesquelles les plus grands perfectionnements ont été introduits.

Les machines construites par cette maison sont toujours à détente, par conséquent à haute pression et à condensation quand cela est possible.

Quand, avec ces machines, on a une bonne condensation, la détente normale commence à 1/15 de la course et même moins.

En tous cas, pour être dans de bonnes conditions, on devra faire choix d'une machine assez forte pour ne pas dépasser la limite de détente de 1/10 environ lorsque la machine sera à charge maxima.

Un des organes importants dans ces machines, est le régulateur à bras croisés, agissant directement sur la détente (voir le Bulletin de la Société d'encouragement de janvier 1861, page 4.)

Les perfectionnements apportés à ce régulateur, ont permis d'obtenir une grande régularité dans la marche de ces machines, régularité si indispensable dans certaines industries. Enfin, malgré la grande détente, ces machines marchent sans choc au point mort. Cela tient à ce que la vapeur entre longtemps dans le cylindre, avant que le piston n'ait atteint le point mort.

La vitesse de ces machines est d'environ 1m,50 par seconde.

Afin d'obtenir le plus grand effet possible de la détente, le cylindre est entouré d'une enveloppe en fonte, dans laquelle la vapeur circule avant d'arriver à la boîte de distribution; cette enveloppe est elle-même entourée d'une chemise en bois, avec interposition de bourre ou de feutre; les couvercles des cylindres sont à double paroi avec circulation de vapeur, etc.

L'intervalle entre le cylindre et sa chemise

ainsi que les fonds, sont en communication par le haut et par le bas, afin qu'aucune vapeur condensée ne puisse s'accumuler.

A l'arrière est placé un tube de purge; il y en a un également sur la boîte des tiroirs; ces purges sont fermées par des robinets, que les chauffeurs doivent ouvrir en plein, lorsqu'ils chauffent la machine avant de mettre en train et qu'ils ferment ensuite assez pour ne laisser sortir que l'eau condensée.

Comme il est est trés-difficile d'arriver à un règlement exact et constant et que les robinets ainsi fermés à demi s'usent rapidement, il vaut mieux mettre les purges en communication directe avec un purgeur automoteur, dont plusieurs modèles fonctionnent parfaitement.

Pour mettre en train, le chauffeur laisse arriver lentement et successivement la vapeur dans l'enveloppe en (*a*), la soupape de mise en marche (*b*) étant fermée et les purges ouvertes, on doit attendre que tout le cylindre soit bien échauffé, puis on tourne la manivelle (b') (voir la planche, fig. 38), de mise en marche, la vapeur venant en (*a*), pousse la soupape (*b*), la vapeur entre dans la boîte de distribution (*d*), et de là sur le piston. Au moment où la machine se met en mouvement, on ouvre le robinet d'injection du condenseur, on ferme convenablement les purges et la machine prend son allure; on ouvre a fond la mise en marche ; le régulateur agissant seul sur les détentes, au moyen d'une vis sans fin (V) qui fait crémaillère sur la roue dentée (L). Cette roue porte au centre une tige, qui pénètre dans la boîte à vapeur ; au bout de cette tige, sont deux cames à développantes, contre lesquelles viennent se heurter les tiroirs de détente ; la position des cames changeant par l'action du régulateur, le moment de la fermeture des détentes change aussi.

Le robinet d'injection B[1], est placé en haut d'un tuyau qui amène l'eau froide, soit d'un réservoir ou du puits même, suivant la hauteur d'aspiration, qui peut aller de 6 à 7 mètres d'aspiration, sans pompe de puits.

L'eau et la vapeur condensées passent à

travers une plaque percée (P), qui coupe en deux le gros tuyau C, qui forme le condenseur.

Pour empêcher l'air d'entrer par le robinet d'injection, ce dernier est surmonté d'une sorte d'entonnoir qu'on maintient plein d'eau. L'eau tombe dans la pompe à air par le tuyau (*c'*), l'air s'échape par une petite soupape S, et l'eau vient en D^2. Enfin, le piston de la pompe à air foule alternativement dans chacun des compartiments supérieurs et de là l'eau monte dans la bâche d'écoulement.

On s'assure que le vide est normal, au moyen d'un petit baromètre de machine pneumatique, dont on met la cloche en communication avec le gros tube condenseur.

Lorsqu'on arrête la machine, on ferme d'abord en partie la soupape *b*, on tourne la vis sans fin du régulateur, jusqu'à ce que les tiroirs de détente ne travaillent plus ; puis la machine marchant très-lentement, on ferme le robinet d'injection ; puis enfin la mise en marche étant serrée, la machine s'arrête.

Si l'on oubliait de fermer le condenseur, l'eau froide monterait dans le cylindre, et en remettant en marche sans en avoir fait sortir l'eau par un tour fait à la main, on risquerait de faire sauter le fond du cylindre.

Pour parer à cet accident, MM. Farcot ont placé sur chacun des conduits à vapeur, qui vont du tiroir aux extrémités du cylindre, une soupape de sûreté K, enfermée dans une lanterne en bronze fermée par un ressort, et s'ouvrant environ à 8 atmosphères. Ces soupapes bien ajustées ne jouent jamais en marche régulière et ne fuient pas.

CHOIX DES CHAUFFEURS ET DES OUVRIERS MÉCANICIENS.

Je ferai d'abord observer que le nom de chauffeur est plus particulièrement donné aux ouvriers qui sont chargés de l'entretien du feu et de ce qui y a rapport. Les ouvriers qui sont chargés du soin des machines, prennent quelquefois le titre de machinistes, mais bien plus souvent celui de mécaniciens ; bien qu'en général ils soient bien loin d'avoir les connaissances que les personnes qui portent ce dernier titre sont censées avoir.

Une machine à vapeur, qui est construite de fonte, fer et cuivre travaillés très-soigneusement, pourrait être abîmée très-promptement si elle était confiée à des individus qui ne seraient pas à même d'en apprécier le travail. On devra donc choisir les personnes chargées du soin des machines parmi les hommes qui ont surtout travaillé dans les ateliers de machines, en qualité de limeurs ou d'ajusteurs, ou enfin à des ouvriers serruriers, si l'on en n'en trouve pas d'autres. Les aides qu'ils sont presque toujours obligés d'employer, n'ont pas indispensablement besoin de ces connaissances. Mais les plus intelligents seront toujours ceux qui rendront le plus de services. D'autant plus que ces aides sont souvent obligés de soigner les machines pendant l'absence du chauffeur-mécanicien. Ce dernier sera à même, étant ouvrier, de réparer différentes pièces, d'entretenir sa machine en bon état et surtout très-propre. Il devra avoir pour cela les outils nécessaires, y compris une petite forge.

Un bon chauffeur-mécanicien doit avoir beaucoup de sang-froid et de présence d'esprit, et surtout ne jamais se déranger.

On conçoit facilement combien ces qualités sont indispensables à un homme qui, en oubliant ses devoirs, pourrait être la cause de fâcheux accidents.

RENSEIGNEMENTS GÉNÉRAUX.

Lorsque l'on veut employer une machine à vapeur, pour un ouvrage quelconque; afin de pouvoir remplir convenablement le but que l'on se propose, il y a des données indispensables à connaître :

1° La force dont on aura besoin ;

2° Le genre de travail pour lequel la machine est destinée ;

3° La localité où l'on doit s'établir et ses ressources pour les réparations et l'opposition que l'on peut y rencontrer de la part du voisinage ;

4° La quantité d'eau dont on pourra disposer ainsi que sa qualité ;

5° On aura à se conformer aux lois qui régissent l'établissement des machines à vapeur. (Décret du 25 janvier 1865 que nous avons placé à la fin de cet ouvrage.)

6° Le choix des constructeurs où l'on devra acheter la machine.

La force dont on aura besoin n'est pas toujours facile à déterminer, d'autant plus que dans bien des circonstances, on ne saurait prévoir les nouveaux besoins qui se présenteront à cet égard ; je ne saurais trop recommander la part de l'imprévu, en prenant toujours une machine supérieure, à celle que l'on présume nécessaire. J'ai eu bien des occasions de remarquer que toujours on chargeait de plus en plus les machines, parce que le besoin de disposer de forces nouvelles se fait sentir dans presque toutes les usines, à moins que la machine ne soit destinée à un travail bien connu, fixe et bien constant.

Il faut bien se pénétrer aussi qu'il est mauvais de surcharger les machines à vapeur, leurs organes fatiguent trop et elles finissent par se détraquer très-vite.

Les mécaniciens auxquels on s'adresse, peuvent ordinairement donner de bons renseignements sur la force dont on aura besoin pour tel ou tel travail, car ils ont presque toujours eu l'occasion d'en juger par expérience ; toutefois, dans ces sortes d'appréciations, on fera bien de tenir compte du désir que certains mécaniciens pourraient avoir de faire affaire, et qui dans ce cas, indiqueraient une force de machine trop faible, quoiqu'à la rigueur pouvant cependant faire le travail indiqué, mais se trouvant surchargée ; ils peuvent dire : je m'engage à vous fournir une machine à tel prix, qui fera l'ouvrage que vous m'indiquez, prix qui pourrait être inférieur à celui d'un autre mécanicien plus consciencieux.

Pour savoir la force qu'exigent certains travaux, on pourra consulter l'*Aide-Mémoire de mécanique pratique* de M. Morin ; le *Carnet* à l'usage des Ingénieurs ; *Applications de la mécanique* par Taff; Poncelet, *Mécanique*.

Enfin, s'il y a des manufactures, où le travail que l'on veut entreprendre existe, il sera bon de connaître la force qui y est employée, en tâchant toutefois de s'assurer si ces usines sont sous ce rapport dans de bonnes conditions ; car tout ce que l'on voit, n'est pas toujours bon à être imité les yeux fermés.

Sans doute, plus une machine est forte, plus elle coûte ; cependant il sera bon de se rappeler que si une petite machine de la force d'un à trois chevaux, peut revenir de 1000f à 2000f par force de cheval, une fois arrivée dans les forces de 30 chevaux, la force du cheval ne dépasse plus 2 à 300 fr.

Je ferai encore remarquer que pour éviter toute difficulté, sur la force des machines que l'on serait dans le cas d'acquérir, qu'il sera bon de déterminer :

1° La pression à laquelle la machine devra marcher ;

2° Le diamètre du cylindre (ou des cylindres) la course du piston et sa vitesse.

On est dans l'habitude de compter pour la force d'un cheval, une force capable d'élever 75 kilog. à la hauteur d'un mètre, dans l'espace de temps d'une seconde. Mais pour ne pas sortir des bonnes conditions, ce travail doit être fait par une machine, dont la vitesse du piston ne dépassera pas beaucoup 60 mètres à la minute; car on a reconnu par expérience, qu'en s'écartant beaucoup de cette vitesse, les machines se détérioraient bien plus vite. Cependant, parmi nos meilleurs constructeurs, il y en a qui font parcourir au piston une vitesse de 90 à 100^{m} par minute, sans penser qu'avec cette vitesse il y ait des inconvénients. Enfin, nous dirons encore que la machine à vapeur, système Allen, qui était à l'exposition, pouvait marcher avec une vitesse de 280^{m} à la minute (voir le procès-verbal de ces expériences, par Mr Tresca, *Annales du Conservatoire,* n° 28, Avril 1867).

Le tableau n° 3 ci-joint, indique des dimensions que l'expérience a sanctionnées et dont le plus grand nombre de constructeurs s'écartent fort peu. Il est fait pour des machines à vapeur à un cylindre, travaillant à 4 atmosphères au moins, sans condensation et avec détente.

TABLEAU N° 3

Force en chevaux.	Diamètre du piston en centimètres	Course du piston en centimètres	Nombre de tours par minute.
4	18	50	54
6	23	57	45
8	26	60	45
10	30	68	45
12	33	70	38
16	37	8	38
20	40	90	34
25	43	90	32
30	46	95	30
40	52	100	28
50	57	100	26
60	62	105	25
80	67	105	24
100	71	110	23

Il y a des constructeurs qui, pour ce même genre de machines, donnent au piston 55 cent. de surface, par force de cheval, donnée qui ne s'écarte pas beaucoup des indications de ce tableau.

On trouvera dans le *Traité des machines à vapeur* de M. Jules Gaudry, des tables très-détaillées, donnant les différentes dimensions, de divers systèmes de machines à vapeur.

Quelques personnes proposent d'essayer les machines au frein ; je ne blâme pas cet usage, mais il n'est pas cependant à l'abri d'objections pratiques.

faut observer que très-souvent, en parlant du prix d'une machine à vapeur, il n'est pas question des chaudières, dont le prix est à peu près des 2/3 de celui de la machine.

Ainsi, pour une machine de 50 chevaux des plus simples, dont le prix serait de 18 à 20,000f, il faudrait au moins 2 chaudières dont le prix serait environ 12,000f pour les deux.

Si la machine était assez petite pour être alimentée par une seule chaudière, celle-ci ne reviendrait environ qu'aux 2/5 du prix de la machine. Je ne parle ici que des chaudières ordinaires du système le plus simple, car il y a des systèmes de chaudières tubulaires qui coûteraient le double du prix que j'ai indiqué.

Il faut ajouter à cela le prix du transport, celui de la maçonnerie sur laquelle doit reposer la machine, la construction d'un puits, d'une cheminée, et enfin les frais de montage, qui s'élèvent souvent à un chiffre trop élevé, et sur lequel il sera bon de s'entendre à l'avance.

La question des chaudières est intimement liée à celle des machines, on devra donc les prendre toujours très-suffisantes, car ici les prévisions peuvent encore êtres mises très-facilement en défaut, soit à cause d'augmentation de travail imprévu donné à la machine, soit pour besoin de vapeur pour chauffage ou autre emploi.

Je ne conseillerai donc jamais de prendre, pour des chaudières ordinaires, moins de 2 m. carrés de surface de chauffe par force de cheval, non compris, bien entendu, le cas où l'on emploierait de la vapeur à un autre usage que pour alimenter la machine.

Quand on ne voudra pas avoir d'interruption dans le travail de la machine, on devra avoir une chaudière de rechange, afin de pouvoir s'en servir pendant les nettoyages de la chaudière ou pendant les réparations.

Si pour faire marcher la machine, on avait besoin de deux chaudières en feu, une troisième, dans ce cas suffirait pour éviter le chômage, puisque l'on pourrait en avoir alternativement une qui ne serait pas à feu, ce qui permettrait de les nettoyer les unes après les autres.

En tout cas, si pour éviter une dépense immédiate, on se contentait d'une chaudière, il sera toujours très-prudent de prévoir l'emploi de deux ou trois, selon le cas, en laissant l'emplacement convenable pour les y placer plus tard.

Je ne saurais trop recommander aussi, autant que l'emplacement dont on peut disposer peut s'y prêter, de placer les chaudières de manière à en permettre le nettoyage et les raccommodages avec autant de facilité que possible; car elles finissent toujours par exiger des réparations.

2° Le genre de travail pour lequel la machine est destinée, en déterminera les dispositions particulières.

Une machine pour épuisement de mine, par

exemple, aura une toute autre disposition que celle destinée à une filature, etc., etc.

3° La localité dans laquelle on doit s'établir ainsi que les ressources qu'elle peut offrir pour des réparations, influeront nécessairement sur le choix de la machine ; il faut d'abord être assuré de pouvoir se procurer la quantité d'eau nécessaire en tout temps.

On devra compter pour les machines sans condensation et travaillant entre 4 et 6 atmosphères, celles qui en consomment le moins, 25 à 30 litres par heure et par force de cheval. Pour des machines à condensation, travaillant également de 4 à 6 atmosphères, il faut compter 500 litres d'eau par heure et par force de cheval. On voit par là combien les machines à condensation exigent d'eau. Dans ces machines, il est avantageux de condenser à basse température, soit de 30 à 35°, surtout si la hauteur à laquelle on est obligé d'élever l'eau, ne contrebalance par trop cet avantage (Poncelet, *Cours de mécanique*).

Dans certains cas, on peut laisser refroidir

l'eau de condensation, afin de pouvoir s'en servir de nouveau. Quand cela est possible, la qualité de l'eau dont on peut faire usage, doit être prise en considération (72).

Les machines à condensation et travaillant à haute pression, sont celles qui brûlent le moins de combustibles, lorsqu'elles sont dans de bonnes conditions et de la force de 30 chevaux et au-dessus, elles ne consomment que 1 1/2 kilog. à 2 kilog. de houille par heure et par force de cheval. Pour ces mêmes machines sans condensation, on brûle généralement le double. On voit par cette comparaison, combien il est avantageux de condenser quand on a de l'eau en suffisance. Cependant je ne crois pas beaucoup me tromper en disant que dans l'industrie, il y a bien 10 machines fixes sans condensation pour une à condensation. En voici les raisons : les machines à condensation sont plus compliquées, coûtent plus cher, demandent plus de soins pour être entretenues en bon état, des ouvriers plus soigneux et l'eau nécessaire, ce qui se trouve rarement.

J'ai parlé du voisinage, parce que d'après les lois existantes (décret de 1865), que nous avons placé à la fin de ce volume, l'article 19 dit : le foyer des chaudières de toute catégorie doit brûler sa fumée, et que cette condition, quelle que soit la disposition des foyers, ne peut s'obtenir qu'avec beaucoup de soin de la part des chauffeurs, ce dont on ne peut pas toujours répondre. A l'heure qu'il est, qui ne voit point de cheminées de machines à vapeur sans fumée ; on conçoit que cela peut être cause de désagréments très-sérieux.

Quant au choix à faire parmi les constructeurs, je ne saurais trop recommander de s'adresser aux meilleures maisons, à celles surtout qui ont une longue expérience de ce genre de constructions.

Comme une machine à vapeur est toujours destinée à faire marcher certaines machines qui exigent des communications de mouvement, il sera toujours avantageux d'en traiter avec le mécanicien qui fournit la machine à vapeur. Si on avait à faire à plusieurs constructeurs, il sera essentiel de bien s'entendre pour l'emplacement des machines, la vitesse des arbres, etc., etc.

Selon l'importance des usines, il arrive souvent que le chauffeur est seul chargé de soigner la chaudière et la machine. Si l'on travaille nuit et jour, il faut évidemment deux chauffeurs qui se rechangent. Ordinairement un chauffeur entre en fonctions de midi à minuit pendant une semaine, la semaine suivante, son travail recommence de minuit à midi. Cette distribution de travail a l'inconvénient de faire entrer le chauffeur à minuit dans l'établissement, ce qui souvent ne convient pas. En faisant commencer le travail de 6 heures du matin à 6 heures du soir, on obvie à cet inconvénient. Mais les hommes se fatiguent plus et sont plus sujets à s'endormir la nuit, car généralement on ne repose pas bien le jour, et ces hommes en profitent pour faire différents ouvrages chez eux.

Ordinairement, le travail dans les usines commence le lundi à 6 heures du matin et finit le samedi à 6 heures du soir. Pour que la machine marche le lundi à 6 heures du matin, il faut que le chauffeur soit à son poste au moins une heure à l'avance. Si l'on doit allumer une grande chaudière tout à fait refroidie, il faut plus de temps. Quoiqu'il en soit, ce service doit être parfaitement réglé, car rien n'est plus désagréable pour un manufacturier, que de voir des centaines d'ouvriers attendre que la machine marche, c'est de part et d'autre une cause de désordre et de mécontentement.

Le dimanche doit être employé en partie, au nettoyage et aux petites réparations de la machine.

Les chauffeurs et les mécaniciens doivent être chargés de ce travail, qui doit être fait consciencieusement et ne pas se borner à frotter les quelques pièces de cuivre qui sont le plus en vue.

Quand on n'a qu'un chauffeur, on est malgré tout obligé de lui adjoindre assez souvent un aide, car il y a des pièces dans les machines qu'un seul homme ne saurait manier convenablement. Il sera toujours avantageux d'avoir un aide chauffeur qui puisse au besoin le remplacer sans danger pendant quelques jours. On ne peut compter sur le service d'un homme pendant les 365 jours de l'année. Pour cette raison, quelle que soit l'économie que l'on cherche à apporter, on fera bien, autant que possible, de laisser l'aide avec le chauffeur, quand bien même ce dernier n'en aurait pas absolument besoin ; de cette manière, cet homme peut apprendre à conduire la machine et à rendre des services plus tard.

En règle générale, lorsqu'une machine à vapeur marche, il doit toujours y avoir quelqu'un qui en soit à portée de manière à pouvoir l'arrêter immédiatement en cas d'accident ; car quelqu'un peut être pris dans une courroie, et quand un malheur de ce genre arrive, on peut encore quelquefois lui sauver la vie, en faisant arrêter la machine de suite. A cet effet, dans tous les ateliers, on doit pouvoir faire mouvoir la sonnette d'alarme qui doit se trouver près de la chambre de la machine et qui indique au chauffeur d'arrêter immédiatement ; réciproquement, le chauffeur doit, au moyen d'une cloche qui est entendue dans tous les ateliers, avertir qu'il va mettre la machine en marche.

DÉCRET RELATIF
AUX APPAREILS A VAPEUR

AUTRES QUE CEUX QUI SONT PLACÉS A BORD DES BATEAUX.

Lorsqu'en 1865, le gouvernement revisa le règlement auquel étaient soumises, depuis plus de vingt ans, les machines et chaudières à vapeur autres que celles placées à bord des bateaux, il se proposait de supprimer une partie de la tutelle administrative qui n'était plus en harmonie avec les progrès de la construction de ces appareils, le développement de leur emploi et l'instruction technique des ouvriers chargés de leur fonctionnement. Son but fut de dégager l'industrie d'entraves devenues inutiles, dans toute la mesure compatible avec les exigences de la sécurité publique. Mais cette mesure ne pouvait être que préjugée, il appartenait à l'expérience seule de la fixer; et c'est ce qui explique le besoin de reviser à son tour le décret du 25 janvier 1865 et de le remplacer par le nouveau règlement que je viens soumettre à votre haute sanction.

En effet, une enquête qui a été ouverte, à l'expiration de la période décennale, auprès de tous les ingénieurs chargés de la surveillance des appareils à vapeur, a montré l'utilité d'assujettir à des prescriptions administratives les récipients de vapeur, qui en sont complètement exonérés depuis 1865, et d'apporter en outre quelques modifications de détail aux dispositions en vigueur concernant les chaudières proprement dites. Les résultats de cette enquête ont été communiqués à la commission centrale des machines à vapeur et au Conseil d'Etat, qui se sont appliqués à concilier dans une sage mesure les nécessités de la sécurité publique avec les exigences de l'industrie.

Rien n'a été changé aux conditions essentielles de l'épreuve des chaudières neuves; mais le renouvellement de cette épreuve pourra être exigé dans d'autres cas que ceux de réparation notable, seuls admis pas le décret de 1865, et ne devra jamais être retardé de plus de dix ans.

Antérieurement à ce décret, les ingénieurs pouvaient provoquer la réforme des chaudières qu'un long service ou une détérioration accidentelle leur faisait regarder comme dangereuses. La commission centrale des machines à vapeur, sans doute préoccupée du rôle amoindri attribué à l'administration depuis 1865, avait exprimé le vœu que la faculté d'interdire l'usage d'un générateur réputé dangereux lui fût restituée. Le Conseil d'Etat n'a point été favorable à ce retour partiel à un régime abandonné; j'ai pensé avec lui qu'une telle mesure, rarement applicable dans la pratique, ne serait pas suffisamment motivée par des faits qu'aurait révélés l'application du décret de 1865.

Le renouvellement obligatoire de l'épreuve tous les dix ans donnera d'ailleurs un nouveau gage à la sécurité publique.

En raison de cette innovation, il a paru convenable d'admettre des motifs de dispense quant aux épreuves réglementaires à exécuter entre temps à la suite des réparations, des déplacements ou des chômages prolongés des chaudières, et de tenir compte, à cet effet, de l'existence des associations de propriétaires d'appareils à vapeur, qui se sont formées depuis quelques années.

Ces associations, employant et rémunérant un personnel spécial, ont en vue d'assurer le meilleur fonctionnement possible des appareils, notamment en procédant à des visites intérieures et extérieures des générateurs de vapeur, en les examinant au double point de vue de la sécurité et de la réalisation d'économies de combustible. Il convient d'encourager ces pratiques salutaires et d'appeler les institutions de ce genre à prêter leur concours à l'administration. Déjà le gouvernement vient de reconnaître l'utilité publique de l'association des propriétaires d'appareils à vapeur du Nord de la France. Je me propose, en portant le nouveau règlement à la connaissance des préfets et des ingénieurs des mines, de donner des instructions pour que, dans les régions industrielles où fonctionnent de telles associations, la surveillance officielle tienne compte, dans une juste mesure, des constatations faites par le personnel exerçant la surveillance officieuse dont il s'agit. Le renouvellement de l'épreuve réglementaire pourra, en conséquence, ne pas être exigé avant l'expiration de la période décennale, lorsque des renseignements authentiques sur l'époque et les résultats de la dernière visite intérieure et extérieure d'une chaudière constitueront des présomptions suffisantes en faveur de son bon état; et les ingénieurs des mines seront autorisés à considérer, à cet égard, comme probants les certificats délivrés aux membres des associations de propriétaires d'appareils à vapeur par celles de ces associations que le ministre aura désignées.

Le classement des chaudières à demeure continuera à comprendre trois catégories, sous le rapport des conditions d'emplacement, ainsi que le prescrit le décret de 1865. La détermination de ces catégories aura lieu d'après une nouvelle base de calcul, que la commission centrale des machines à vapeur a considérée comme plus rationnelle que la base actuelle, mais qui s'en écarte peu, et dont l'effet est de réduire légèrement, au point de vue du classement, l'importance de la pression maximum sous laquelle une chaudière est appelée à fonctionner, comparativement à son volume.

Les conditions d'emplacement demeureront à très peu près les mêmes qu'aujourd'hui pour les chaudières de la première catégorie, qu'il est permis d'établir à 10 mètres de distance d'une maison d'habitation sans aucune disposition particulière.

Les chaudières de la deuxième catégorie ne

peuvent être placées dans l'intérieur des ateliers que lorsque ceux-ci ne font pas partie d'une maison d'habitation. Il n'y aura plus d'exception pour les maisons réservées aux manufacturiers, à leurs familles, à leurs employés, ouvriers et serviteurs, comme l'admettait le décret de 1865. Le nouveau règlement supprime avec raison, sur ce point, une tolérance contraire à la sécurité publique.

Les chaudières de la troisième catégorie continueront à pouvoir être établies dans une maison quelconque.

La faculté précédemment reconnue aux tiers de renoncer à se prévaloir des conditions réglementaires cessera d'exister; il a paru à la commission centrale des machines à vapeur et au Conseil d'Etat qu'elles ne pouvaient pas cesser d'être obligatoires, et je partage complètement cet avis.

De même, l'exécution de la disposition relative à la non production de fumée par les foyers de chaudières à vapeur a paru au Conseil d'Etat de nature à donner lieu à des incertitudes de la part de l'administration et aussi de l'autorité judiciaire. J'ai considéré avec lui que les inconvénients de la fumée ne sont pas particuliers à l'emploi d'un appareil à vapeur, et ne touchent en rien à la sécurité, objet essentiel du décret dont il s'agit. Les contestations auxquelles la production de la fumée donnerait lieu appartiendront donc exclusivement au domaine judiciaire, qu'il s'agisse d'un foyer d'appareil à vapeur ou de tout autre foyer.

La plus importante innovation du nouveau règlement est, sans contredit, l'assujettissement des récipients de vapeur d'une certaine capacité à quelques mesures de sûreté. Omis dans l'ordonnance de 1843, ils avaient été assimilés aux générateurs en vertu d'une circulaire ministérielle de 1845, puis volontairement omis encore dans le décret de 1865. De nombreux accidents sont venus démontrer la nécessité de subordonner l'emploi de ces appareils à l'exécution de certaines prescriptions. En conséquence, la commission centrale des machines à vapeur et le Conseil d'Etat ont été d'avis que les récipients d'un volume supérieur à 100 litres fussent soumis à l'épreuve officielle, munis dans certains cas d'une soupape de sûreté et assujettis à la déclaration. Un délai de six mois sera accordé pour l'exécution de ces mesures.

Elles seront applicables, non seulement aux cylindres sécheurs, chaudières à double fond et appareils divers employés dans l'industrie, mais encore aux machines locomotives sans foyer et aux autres réservoirs dans lesquels est emmagasinée de l'eau à haute température, pour dégager de la vapeur ou de la chaleur.

Enfin, le décret de 1865 n'avait point reproduit la disposition de l'ordonnance de 1843, aux termes de laquelle l'administration avait la faculté de dispenser les chaudières présentant un mode particulier de construction, de l'application d'une partie des mesures de sûreté réglementaires pour les soumettre à des conditions spéciales.

Il se bornait à prévoir des cas de dispense, en ce qui touche le niveau du plan d'eau dans les générateurs dont la forme ou la faible dimension semblait exclure toute crainte de danger. Dorénavant, le ministre, après instruction locale et sur l'avis de la commission centrale des machines à vapeur, pourra accorder toute dispense qui ne paraîtra pas de nature à entraîner des inconvénients.

DÉCRET DU 1er MAI 1880

Art. 1er. Sont soumis aux formalités et aux mesures prescrites par le présent règlement : 1° les générateurs de vapeur, autres que ceux qui sont placés à bord des bateaux ; 2° les récipients définis ci-après (titre V).

TITRE Ier

MESURES DE SURETÉ RELATIVES AUX CHAUDIÈRES PLACÉES A DEMEURE

Art. 2. Aucune chaudière neuve ne peut être mise en service qu'après avoir subi l'épreuve réglementaire ci-après définie. Cette épreuve doit être faite chez le constructeur et sur sa demande.

Toute chaudière venant de l'étranger est éprouvée, avant sa mise en service, sur le point du territoire français désigné par le destinataire dans sa demande.

Art. 3. Le renouvellement de l'épreuve peut être exigé de celui qui fait usage d'une chaudière :

1° Lorsque la chaudière, ayant déjà servi, est l'objet d'une nouvelle installation ;

2° Lorsqu'elle a subi une réparation notable ;

3° Lorsqu'elle est remise en service après un chômage prolongé.

A cet effet, l'intéressé devra informer l'ingénieur des mines de ces diverses circonstances. En particulier, si l'épreuve exige la démolition du massif du fourneau ou l'enlèvement de l'enveloppe de la chaudière et un chômage plus ou moins prolongé, cette épreuve pourra ne point être exigée, lorsque des renseignements authentiques sur l'époque et les résultats de la dernière visite, intérieure et extérieure, constitueront une présomption suffisante en faveur du bon état de la chaudière. Pourront être notamment considérés comme renseignements probants les certificats délivrés aux membres des associations de propriétaires d'appareils à vapeur par celle de ces associations que le ministre aura désignée.

Le renouvellement de l'épreuve est exigible également lorsque, à raison des conditions dans lesquelles une chaudière fonctionne, il y a lieu par l'ingénieur des mines d'en suspecter la solidité.

Dans tous les cas, lorsque celui qui fait usage d'une chaudière contestera la nécessité d'une nouvelle épreuve, il sera, après une instruction où celui-ci sera entendu, statué par le préfet.

En aucun cas, l'intervalle entre deux épreuves consécutives n'est supérieure à dix années. Avant l'expiration de ce délai, celui qui fait usage d'une chaudière à vapeur doit lui-même demander le renouvellement de l'épreuve.

Art. 4. L'épreuve consiste à soumettre la chaudière à une pression hydraulique supérieure à la pression effective qui ne doit point être dépassée dans le service. Cette pression d'épreuve sera maintenue pendant le temps nécessaire à l'examen de la chaudière dont toutes les parties doivent pouvoir être visitées.

La surcharge d'épreuve par centimètre carré est égale à la pression effective, sans jamais être inférieure à un demi-kilogramme ni supérieure à 6 kilogrammes.

L'épreuve est faite sous la direction de l'ingénieur des mines et en sa présence, ou, en cas d'empêchement, en présence du garde-mine opérant d'après ses instructions.

Elle n'est pas exigée pour l'ensemble d'une chaudière dont les diverses parties, éprouvées séparément, ne doivent être réunies que par des tuyaux placés sur tout leur parcours, en dehors du foyer et des conduits de flamme, et dont les joints peuvent être facilement démontés.

Le chef de l'établissement où se fait l'épreuve fournit la main-d'œuvre et les appareils nécessaires à l'opération.

Art. 5. Après qu'une chaudière ou partie de chaudière a été éprouvée avec succès, il y est apposé un timbre, indiquant, en kilogrammes par centimètre carré, la pression effective que la vapeur ne doit pas dépasser.

Les timbres sont poinçonnés et reçoivent trois nombres indiquant le jour, le mois et l'année de l'épreuve.

Un de ces timbres est placé de manière à être

toujours apparent après la mise en place de la chaudière.

Art. 6. Chaque chaudière est munie de deux soupapes de sûreté, chargées de manière à laisser la vapeur s'écouler dès que sa pression effective atteint la limite maximum indiquée par le timbre réglementaire.

L'orifice de chacune des soupapes doit suffire à maintenir, celle-ci étant au besoin convenablement déchargée ou soulevée et quelle que soit l'activité du feu, la vapeur dans la chaudière à un degré de pression qui n'excède, pour aucun cas, la limite ci-dessus.

Le constructeur est libre de répartir, s'il le préfère, la section totale d'écoulement nécessaire des deux soupapes réglementaires entre un plus grand nombre de soupapes.

Art. 7. Toute chaudière est munie d'un manomètre en bon état placé en vue du chauffeur et gradué de manière à indiquer, en kilogrammes, la pression effective de la vapeur dans la chaudière.

Une marque très apparente indique sur l'échelle

du manomètre la limite que la pression effective ne doit point dépasser.

La chaudière est munie d'un ajustage terminé par une bride de 0,04 de diamètre et $0^m,005$ d'épaisseur, disposée pour recevoir le manomètre vérificateur.

Art. 8. Chaque chaudière est munie d'un appareil de retenue, soupape et clapets, fonctionnant automatiquement et placé au point d'insertion du tuyau d'alimentation qui lui est propre.

Art. 9. Chaque chaudière est munie d'une soupape ou d'un robinet d'arrêt de vapeur, placé autant que possible, à l'origine du tuyau de conduite de vapeur, sur la chaudière même.

Art. 10. Toute paroi en contact par une de ses faces avec la flamme, doit être baignée par l'eau sur sa face opposée.

Le niveau de l'eau doit être maintenu, dans chaque chaudière, à une hauteur de marche telle qu'il soit, en toute circonstance, à $0^m,06$ au moins au-dessus du plan pour lequel la condition précédente cesserait d'être remplie. La position limite sera indiquée, d'une manière très apparente, au voisinage du tube de niveau mentionné à l'article suivant.

Les prescriptions énoncées au présent article ne s'appliquent point :

1° Aux surchauffeurs de vapeur distincts de la chaudière ;

2° A des surfaces relativement peu étendues et placées de manière à ne jamais rougir, même lorsque le feu est poussé à son maximum d'activité, telles que les tubes ou parties de cheminées qui traversent le réservoir de vapeur, en envoyant directement à la cheminée principale les produits de la combustion.

Art. 11. Chaque chaudière est munie de deux appareils indicateurs du niveau de l'eau, indépendants l'un de l'autre, et placés en vue de l'ouvrier chargé de l'alimentation.

L'un de ces deux indicateurs est un tube en verre, disposé de manière à pouvoir être facilement nettoyé et remplacé au besoin.

Pour les chaudières verticales de grande hauteur, le tube en verre est remplacé par un appareil disposé de manière à reporter, en vue de l'ouvrier chargé de l'alimentation, l'indication du niveau de l'eau dans la chaudière.

TITRE II

ÉTABLISSEMENT DES CHAUDIÈRES A VAPEUR PLACÉES A DEMEURE

Art. 12. Toute chaudière à vapeur destinée à être employée à demeure ne peut être mise en service qu'après une déclaration adressée, par celui qui fait usage du générateur, au préfet du département. Cette déclaration est enregistrée à sa date. Il en est donné acte. Elle est communiquée sans délai à l'ingénieur en chef des mines

Art. 13. La déclaration fait connaître avec précision :

1. Le nom et le domicile du vendeur de la chaudière ou l'origine de celle-ci;
2. La commune et le lieu où elle est établie;
3. La forme, la capacité et la surface de chauffe;
4. Le numéro du timbre réglementaire;
5. Un numéro distinctif de la chaudière, si l'établissement en possède plusieurs.
6. Enfin, le genre d'industrie et l'usage auquel elle est destinée.

Art. 14. Les chaudières sont divisées en trois catégories.

Cette classification est basée sur le produit de la multiplication du nombre exprimant en mètres cubes la capacité totale de la chaudière (avec ses bouilleurs et ses réchauffeurs alimentaires, mais sans y comprendre les surchauffeurs de vapeur) par le nombre exprimant, en degrés centigrades, l'excès de la température de l'eau correspondant à la pression indiquée par le timbre réglementaire sur la température de 100 degrés, conformément à la table annexée au présent décret.

Si plusieurs chaudières doivent fonctionner ensemble dans un même emplacement, et si elles ont entre elles une communication quelconque, directe ou indirecte, on prend, pour former le produit, comme il vient d'être dit, la somme des capacités de ces chaudières.

Les chaudières sont de la première catégorie quand le produit est plus grand que 200 ; de la deuxième, quand le produit n'excède pas 200, mais surpasse 50 ; de la troisième, si le produit n'excède pas 50.

Art. 15. Les chaudières comprises dans la première catégorie doivent être établies en dehors de toute maison d'habitation et de tout atelier surmonté d'étages. N'est pas considéré comme un étage, au-dessus de l'emplacement d'une chaudière, une construction dans laquelle ne se fait aucun travail nécessitant la présence d'un personnel à poste fixe.

Art. 16. Il est interdit de placer une chaudière de première catégorie à moins de trois mètres d'une maison d'habitation.

Lorsqu'une chaudière de première catégorie est placée à moins de 10 mètres d'une maison d'habitation, elle en est séparée par un mur de défense.

Ce mur, en bonne et solide maçonnerie, est construit de manière à défiler la maison par rapport à tout point de la chaudière distant de moins de 10 mètres, sans toutefois que sa hauteur dépasse de 1 mètre la partie la plus élevée de la chaudière. Son épaisseur est égale au tiers au moins de sa hauteur, sans que cette épaisseur puisse être inférieure à *1 mètre en couronne. Il est séparé du* mur de la maison voisine par un intervalle libre de $0^{m},30$ de largeur au moins.

L'établissement d'une chaudière de première

catégorie à la distance de 10 mètres au plus d'une maison d'habitation n'est assujetti à aucune condition particulière.

Les distances de 3 mètres et de 10 mètres fixées ci-dessus, sont réduites respectivement à $1^{m},50$ et à 2 mètres, lorsque la chaudière est enterrée de façon que la partie supérieure de ladite chaudière se trouve à 1 mètre en contre-bas du sol du côté de la maison voisine.

Art. 17. Les chaudières comprises dans la deuxième catégorie peuvent être placées dans l'intérieur de tout atelier, pourvu que l'atelier ne fasse pas partie d'une maison d'habitation.

Les foyers sont séparés des murs des maisons voisines par un intervalle libre de 1 mètre au moins.

Art. 18. Les chaudières de troisième catégorie peuvent être établies dans un atelier quelconque, même lorsqu'il fait partie d'une maison d'habitation.

Les foyers sont séparés des murs des maisons voisines par un intervalle libre de $0^{m},50$ au moins.

Art 19. Les conditions d'emplacement prescrites pour les chaudières à demeure, par les précédents articles, ne sont pas applicables aux chaudières pour l'établissement desquelles il aura été satisfait au décret du 25 janvier 1865, antérieurement à la promulgation du présent règlement.

Art. 20. Si, postérieurement à l'établissement d'une chaudière, un terrain contigu vient à être affecté à la construction d'une maison d'habitation, celui qui fait usage de la chaudière devra se conformer aux mesures prescrites par les articles 16, 17 et 18, comme si la maison eut été construite avant l'établissement de la chaudière.

Art. 21. Indépendamment des mesures générales de sûreté prescrites au titre Ier de la déclaration prévue par les articles 12 et 13, les chaudières à vapeur fonctionnant dans l'intérieur des mines sont soumises aux conditions que pourra prescrire le préfet, suivant les cas et sur le rapport de l'ingénieur des mines.

TITRE III

CHAUDIÈRES LOCOMOBILES

Art. 22. Sont considérées comme locomobiles

les chaudières à vapeur qui peuvent être transportées facilement d'un lieu dans un autre, n'exigent aucune construction pour fonctionner sur un point donné, et ne sont employées que d'une manière temporaire à chaque station.

Art. 23. Les dispositions des articles 2 à 11 inclusivement du présent décret sont applicables aux chaudières locomobiles.

Art. 24. Chaque chaudière porte une plaque sur laquelle sont gravés, en caractères très apparents, le nom et le domicile du propriétaire et un numéro d'ordre, si ce propriétaire possède plusieurs chaudières locomobiles.

Art. 25. Elle est l'objet de la déclaration prescrite par les articles 12 et 13. Cette déclaration est adressée au préfet du département où est le domicile du propriétaire.

L'ouvrier chargé de la conduite devra représenter à toute réquisition le récépissé de cette déclaration.

TITRE IV

CHAUDIÈRES DES MACHINES LOCOMOTIVES

Art. 26. Les machines à vapeur locomotives sont celles qui, sur terre, travaillent en même temps qu'elles se déplacent par leur propre force, telles que les machines des chemins de fer et des tramways, les machines routières, les rouleaux compresseurs, etc.

Art. 27. Les dispositions des articles 2 à 8 inclusivement et celles des articles 11 et 24 sont applicables aux chaudières des machines locomotives.

Art. 28. Les dispositions de l'article 25, paragraphe Ier, s'appliquent également à ces chaudières.

Art. 29. La circulation des machines locomotives a lieu dans les conditions déterminées par des règlements spéciaux.

TITRE V

RÉCIPIENTS

Art. 30. Sont soumis aux dispositions suivantes

les récipients de formes diverses, d'une capacité de plus de 100 litres, au moyen desquels les matières à élaborer sont chauffées, non directement à feu nu, mais par de la vapeur empruntée à un générateur distinct, lorsque leur communication avec l'atmosphère n'est point établie par des moyens excluant toute pression effective nettement appréciable.

Art. 31. Ces récipients sont assujettis à la déclaration prescrite par les articles 12 et 13.

Ils sont soumis à l'épreuve, conformément aux articles 2, 3, 4 et 5. Toutefois, la surcharge d'épreuve sera, dans tous les cas, égale à la moitié de la pression du maximum à laquelle l'appareil doit fonctionner, sans que cette surcharge puisse excéder 4 kilogrammes par centimètre carré.

Art. 32. Ces récipients sont munis d'une soupape de sûreté réglée pour la pression indiquée par le timbre, à moins que cette pression ne soit égale ou supérieure à celle fixée pour la chaudière alimentaire.

L'orifice de cette soupape, convenablement déchargée ou soulevée au besoin, doit suffire à maintenir, pour tous les cas, la vapeur dans le récipient à un degré de pression qui n'excède pas la limite du timbre.

Elle peut être placée, soit sur le récipient lui-même, soit sur le tuyau d'arrivée de la vapeur, entre le robinet et le récipient.

Art. 33. Les dispositions des articles 30, 31 et 32 s'appliquent également aux réservoirs dans lesquels de l'eau à haute température est emmagasinée, pour fournir ensuite un dégagement de vapeur ou de chaleur, quel qu'en soit l'usage.

Art. 34. Un délai de six mois, à partir de la promulgation du présent décret, est accordé pour l'exécution des quatre articles qui précèdent.

TITRE VI

DISPOSITIONS GÉNÉRALES

Art. 35. Le ministre peut, sur le rapport des ingénieurs des mines, l'avis du préfet et celui de la commission centrale des machines à vapeur, accorder dispense de tout ou partie des prescriptions du présent décret, dans tous les cas où, à raison de la forme, soit de la faible dimension des appareils, soit de la disposition spéciale des pièces contenant de la vapeur, il serait reconnu que la dispense ne peut pas avoir d'inconvénient.

Art. 36. Ceux qui font usage de générateurs ou de récipients à vapeur veilleront à ce que ces appareils soient entretenus constamment en bon état de service.

A cet effet, ils tiendront la main à ce que des visites complètes, tant à l'intérieur qu'à l'extérieur, soient faites à des intervalles rapprochés pour constater l'état des appareils et assurer l'exécution, en temps utile, des réparations ou remplacements nécessaires.

Ils devront informer les ingénieurs des réparations notables faites aux chaudières et aux récipients, en vue de l'exécution des articles 3 (1°, 2° et 3°) et 31, § 2.

Art. 37. Les contraventions au présent règlement seront constatées, poursuivies et réprimées conformément aux lois.

Art. 38. En cas d'accident ayant occasionné la

mort ou des blessures, le chef de l'établissement doit prévenir immédiatement l'autorité chargée de la police locale et l'ingénieur des mines chargé de la surveillance. L'ingénieur se rend sur les lieux, dans le plus bref délai, pour visiter les appareils, en constater l'état et rechercher les causes de l'accident. Il rédige sur le tout :

1° Un rapport qu'il adresse au procureur de la République et dont une expédition est transmise à l'ingénieur en chef, qui fait parvenir son avis à un magistrat ;

2° Un rapport, qui est adressé au préfet, par l'intermédiaire et avec avis de l'ingénieur en chef

En cas d'accident n'ayant occasionné ni mort, ni blessures, l'ingénieur des mines seul est prévenu, il rédige un rapport qu'il envoie par l'intermédiaire et avec l'avis de l'ingénieur en chef, au préfet.

En cas d'explosion, les constructions ne doivent point être réparées et les fragments de l'appareil rompu ne doivent point être déplacés ou dénaturés avant la constatation de l'état des lieux par l'ingénieur.

Art. 39. Par exception, le ministre pourra confier la surveillance des appareils à vapeur aux ingénieurs ordinaires et aux conducteurs des ponts et chaussées, sous les ordres de l'ingénieur en chef des mines de la circonscription.

Art. 40. Les appareils à vapeur qui dépendent des services spéciaux de l'Etat sont surveillés par les fonctionnaires et agents de ces services.

Art. 41. Les attributions conférées aux préfets des départements par le présent décret sont exercées par le préfet de police dans toute l'étendue de son ressort.

Art. 42. Est rapporté le décret du 25 janvier 1865.

Art. 43. Le ministre des travaux publics est chargé du présent décret, qui sera inséré au *Journal officiel* et au *Bulletin des lois*.

Fait à Paris, le 30 avril 1880.

TABLEAU DES TENSIONS, DES TEMPÉRATURES, DES VOLUMES ET DES DENSITÉS DE LA VAPEUR DE 0,25 A 35 ATMOSPHÈRES.

(Extrait du *Guide du Mécanicien*, etc., de MM. Flachat et Petiet 1851).

TENSION DE LA VAPEUR.			TEMPÉRATURES en degrés centigrades correspondant aux différentes pressions.	VOLUMES en litres d'un kilogramme de vapeur.	POIDS en kilogrammes du mètre cube de vapeur.
en atmosphères.	en millimètres de hauteur de mercure.	en kilogrammes par centimètres carrés.			
0,25	190	0,260	65° 357	6134,97	0,163
0,50	380	0,518	81° 707	3205,13	0,312
0,75	579	0,776	92° 149	2002,64	0,454
1,00	760	1,034	100° 000	1689,19	0,592
1,25	950	1,293	106° 356	1373,21	0,728
1,50	1140	1,551	111° 739	1161,44	0,861
1,75	1330	1,809	116° 429	1007,00	0,993
2,00	1520	2,067	120° 598	891,26	1,122
2,25	1710	2,326	124° 362	799,36	1,251
2,50	1900	2,584	127° 799	726,21	1,377
2,75	2090	2,842	130° 968	665,33	1,503
3,00	2280	3,100	133° 910	614,20	1,628
3,25	2470	3,360	136° 659	570.45	1,753
3,50	2660	3,618	139° 243	533,33	1,875
3,75	2850	3,876	141° 682	505,55	1,998
4,00	3040	4,134	144° 000	471,92	2,119
4,25	3230	4,394	146° 194	446,42	2,240
4,50	3420	4,652	148° 290	423,95	2,359
4,75	3610	4,910	150° 296	403,71	2,477
5,00	3800	5,168	152° 219	384,90	2,598
5,25	3990	5,427	154° 068	368,18	2,716
5,50	4180	5,685	155° 846	352,86	2,834
5,75	4370	5,943	157° 560	339,09	2,949
6,00	4560	6,201	159° 218	326,15	3,066
6,25	4750	6,461	160° 821	313,87	3,186
6,50	4940	6,719	162° 374	303,12	3,299
6,75	5130	6,977	163° 882	293,00	3,413
7,00	5320	7,235	165° 344	283,37	3,529
7,25	5510	7,494	166° 766	273,59	3,655
7,50	5700	7,752	168° 151	263,58	3,756
7,75	5890	8,010	169° 498	258,46	3,869
8,00	6080	8,268	170° 813	251,19	3,981
9,00	6840	9,302	175° 767	225,68	4,431
10,00	7600	10,336	180° 306	205,21	4,873
12,00	9120	12,396	190° 00	175,10	5,710
15,00	11400	15,495	200° 48	143,30	6,979
20,00	15200	20,660	214° 70	110,70	9,033
25,00	19000	25.825	226° 30	90,70	11,029
30,00	22800	30,990	236° 30	77,20	12,977
35,00	26600	36,155	244° 85	67.20	14,887

CERCLE ET CIRCONFÉRENCE.

DIAMÈTRE.	CIRCONFÉRENCE.	SURFACE.	DIAMÈTRE.	CIRCONFÉRENCE.	SURFACE.
1	3,142	0,78 53 98 16	31	97,389	7 54,76 76 35
2	6,283	3,14 15 92 65	32	100,531	8 04,24 77 19
3	9,425	7,06 85 83 47	33	103,673	8 55,29 86 00
4	12,566	12,56 63 70 61	34	106,814	9 07,92 02 77
5	15,708	19,63 49 54 09	35	109,956	9 62,11 29 51
6	18,850	28,27 43 33 88	36	113,097	10 17,87 60 20
7	21,991	38,48 45 10 01	37	116,239	10 75,21 00 86
8	25,133	50,26 54 82 46	38	119.381	11 34,11 49 49
9	28,274	63,61 72 51 24	39	122,522	11 94,59 06 07
10	31,416	78,53 98 16 34	40	125,664	12 56,63 70 61
11	34,558	95,03 31 78	41	128,805	13 20,25 43 13
12	37,699	1 13,09 73 36	42	131,947	13 85,44 23 60
13	40,841	1 32,73 22 90	43	135,088	14 52,20 12 04
14	43,982	1 53,93 80 40	44	138,230	15 20,53 08 45
15	47,124	1 76,71 45 87	45	141,372	15 90,43 12 81
16	50,265	2 01,06 19 30	46	144,513	16 61,90 25 14
17	53,407	2 26,98 00 69	47	147,655	17 34,94 45 44
18	56,549	2 54,46 90 05	48	150,796	18 09,55 73 69
19	59,690	2 83,52 87 37	49	153,938	18 85,74 09 91
20	62,832	3 14,15 92 65	50	157,080	19 63,49 54 09
21	65,973	3 46,36 05 90	51	160,221	20 42,82 06 23
22	69,115	3 80,13 27 11	52	163,363	21 23,71 66 34
23	72,257	4 15,47 56 29	53	166,504	22 06,18 34 41
24	75,398	4 52,38 93 42	54	169,646	22 90,22 10 45
25	78,540	4 90,87 38 52	55	172,788	23 75,82 94 45
26	81,681	5 30,92 91 59	56	175,929	24 63,00 86 41
27	84,823	5 72,55 52 61	57	179,071	25 51,75 86 34
28	87,965	6 15,75 21 60	58	182,212	26 42,07 94 23
29	91,106	6 60,51 98 56	59	185,354	27 33,97 10 08
30	94,248	7 06,85 83 47	60	188,496	28 27,43 33 88

3.

DIAMÈTRE.	CIRCON-FÉRENCE.	SURFACE.	DIAMÈTRE.	CIRCON-FÉRENCE.	SURFACE.
61	191,637	29 22,46 65 66	101	317,301	80 11,84 67
62	194,779	30 19,07 05 40	102	320,442	81 71,28 25
63	197,920	31 17,24 53 11	103	323,584	83 32,28 91
64	201,062	32 16,99 08 78	104	326,726	84 94,86 65
65	204,204	33 18,30 72 41	105	329,867	86 59,01 47
66	207,345	34 21,19 44 01	106	333,009	88 24,73 38
67	210,487	35 25,65 23 57	107	336,150	89 92,02 36
68	213,628	36 31,68 11 09	108	339,292	91 60,88 42
69	216,770	37 39,28 06 57	109	342,434	93 31,31 56
70	219,911	38 48,45 10 01	110	345,575	95 03,31 78
71	223,053	39 59,19 21 42	111	348,717	96 76,89 08
72	226,195	40 71,50 40 79	112	351,858	98 52,03 46
73	229,336	41 85,38 68 13	113	355,000	1 00 28,74 91
74	232,478	43 00,84 03 44	114	358,142	1 02 07,03 45
75	235,619	44 17,86 46 70	115	361,283	1 03 86,89 07
76	238,761	45 36,45 97 93	116	364,425	1 05 68,31 77
77	241,903	46 56,62 57 12	117	367,566	1 07 51,31 54
78	245,044	47 78,36 24 28	118	370,708	1 09 35,88 40
79	248,186	49 01,66 99 40	119	373,849	1 11 22,02 34
80	251,327	50 26,54 82 46	120	376,991	1 13 09,73 36
81	254,469	51 52,99 73 50	121	380,133	1 14 99,01 45
82	257,611	52 81,01 72 51	122	383,274	1 16 89,86 63
83	260,752	54 10,60 79 48	123	386,416	1 18 82,28 88
84	263,894	55 41,76 94 42	124	389,557	120 76,28 21
85	267,035	56 74,50 17 32	125	392,699	1 22 71,84 63
86	270,177	58 08,80 48 18	126	395,841	1 24 68,98 12
87	273,319	59 44,67 87 00	127	398,982	1 26 67,68 69
88	276,460	60 82,12 33 79	128	402,124	1 28 67,96 34
89	279,602	62 21,13 88 54	129	405,265	1 30 69,81 08
90	282,743	63 61,72 51 24	130	408,407	1 32 73,22 90
91	285,885	65 03,88 21 91	131	411,549	1 34 78,21 79
92	289,027	66 47,61 00 56	132	414,690	1 36 84,77 76
93	292,168	67 92,90 87 16	133	417,832	1 38 92,90 81
94	295,310	69 39,77 81 73	134	420,973	1 41 02,60 94
95	298,451	70 88,21 84 26	135	424,115	1 43 13,88 15
96	301,593	72 38,22 94 75	136	427,257	1 45 26,72 44
97	304,734	73 89,81 13 21	137	430,398	1 47 41,13 81
98	307,876	75 42,96 39 63	138	433,540	1 49 57,12 25
99	311,018	76 97,68 74 02	139	436,681	1 51 74,67 78
100	314,159	78 53,98 16 34	140	439,823	1 53 93,80 40

DIAMÈTRE.	CIRCON-FÉRENCE.	SURFACE.	DIAMÈTRE.	CIRCON-FÉRENCE.	SURFACE.
141	442,965	1 56 14,50 09	181	568,628	2 57 30,42 92
142	446,106	1 58 36,76 85	182	571,770	2 60 15,52 88
143	449,248	1 60 60,60 70	183	574,911	2 63 02,19 91
144	452,389	1 62 86,01 63	184	578,053	2 65 90,44 02
145	455,531	1 65 12,99 63	185	581,195	2 68 80,25 21
146	458,673	1 67 41,54 72	186	584,336	2 71 71,63 48
147	461,814	1 69 71,66 88	187	587,478	2 74 64,58 83
148	464,956	1 72 03,36 13	188	590,619	2 77 59,11 26
149	468,097	1 74 36,62 45	189	593,761	2 80 55,20 77
150	471,239	1 76 71,45 87	190	596,903	2 83 52,87 37
151	474,381	1 79 07,86 35	191	600,044	2 86 52,11 04
152	477,522	1 81 45,83 92	192	603,186	2 89 52,91 79
153	480,664	1 83 85,38 56	193	606,327	2 92 55,29 62
154	483,805	1 86 26,50 28	194	609,469	2 95 59,24 53
155	486,947	1 88 69,19 09	195	612,611	2 98 64,76 52
156	490,038	1 91 13,44 97	196	615,752	3 01 71,85 58
157	493,230	1 93 59,27 93	197	618,894	3 04 80,51 73
158	496,372	1 96 06,67 97	198	622,035	3 07 90,74 96
159	499,513	1 98 55,65 09	199	625,177	3 11 02,55 27
160	502,655	2 01 06,19 30	200	628,319	3 14 15,92 65
161	505,796	2 03 58,30 58	201	631,460	3 17 30,87 12
162	508,938	2 06 11,98 94	202	634,602	3 20 47,38 67
163	512,080	2 08 67,24 38	203	637,743	3 23 65,47 29
164	515,221	2 11 24,06 90	204	640,885	3 26 85,13 00
165	518,363	2 13 82,46 50	205	644,026	3 30 06,35 78
166	521,504	2 16 42,43 18	206	647,168	3 33 29,15 64
167	524,646	2 19 03,96 94	207	650,310	3 36 53,52 59
168	527,788	2 21 67,07 77	208	653,451	3 39 79,46 61
169	530,929	2 24 31,75 68	209	656,593	3 43 06,97 71
170	534,071	2 26 98,00 69	210	659,734	3 46 36,05 90
171	537,212	2 29 65,82 77	211	662,876	3 49 66,71 16
172	540,354	2 32 35,21 93	212	666,018	3 52 98,93 51
173	543,496	2 35 06,18 16	213	669,159	3 56 32,72 93
174	546,637	2 37 78,71 48	214	672,301	3 59 68,09 43
175	549,779	2 40 52,81 87	215	675,442	3 63 05,03 01
176	552,920	2 43 28,49 35	216	678,584	3 66 43,61 41
177	556,062	2 46 05,79 30	217	681,726	3 69 83,61 41
178	559,203	2 48 84,55 54	218	684,867	3 73 25,26 23
179	562,344	2 51 64,94 25	219	688,009	3 76 68,48 13
180	565,487	2 54 46,90 05	220	691,150	3 80 13,27 11

DIAMÈTRE.	CIRCONFÉRENCE.	SURFACE.	DIAMÈTRE.	CIRCONFÉRENCE.	SURFACE.
221	694,292	3 83 59,63 17	261	819,956	5 35 02,10 83
222	697,434	3 87 07,56 31	262	823,097	5 39 12,87 15
223	700,575	3 90 57,06 53	263	826,239	5 43 25,20 56
224	703,717	3 94 08,13 82	264	829,380	5 47 39,11 04
225	706,858	3 97 60,78 20	265	832,522	5 51 54,58 60
226	710,000	4 01 14,99 66	266	835,664	5 55 71,63 25
227	713,142	4 04 70,78 20	267	838,805	5 59 90,24 97
228	716,283	4 08 28,13 81	268	841,947	5 64 10,43 77
229	719,425	4 11 87,06 51	269	845,088	5 68 32,19 65
230	722,566	4 15 47,56 29	270	848,230	5 72 55,52 64
231	725,708	4 19 09,63 14	271	851,372	5 76 80,42 65
232	728,850	4 22 73,27 08	272	854,513	5 81 06,89 77
233	731,991	4 26 38,48 09	273	857,655	5 85 34,93 97
234	735,133	4 30 05,26 18	274	860,796	5 89 64,55 25
235	738,274	4 33 73,61 36	275	863,938	5 93 95,73 61
236	741,416	4 37 43,53 61	276	867,080	5 98 28,49 05
237	744,557	4 41 15,02 94	277	870,221	6 02 62,81 57
238	747,699	4 44 88,09 36	278	873,363	6 06 98,71 17
239	750,841	4 48 62,72 85	279	876,504	6 11 36,17 84
240	753,982	4 52 38,93 42	280	879,646	6 15 75,21 60
241	757,124	4 56 16,71 07	281	882,788	6 20 15,82 44
242	760,265	4 59 96,05 81	282	885,929	6 24 58,00 36
243	763,407	4 63 76,97 62	283	889,071	6 29 01,75 35
244	766,549	4 67 59,46 51	284	892,212	6 33 47,07 43
245	769,690	4 71 43,52 48	285	895,354	6 37 93,96 58
246	772,832	4 75 29,15 53	286	898,496	6 42 42,42 82
247	775,973	4 79 16,35 65	287	901,637	6 46 92,46 13
248	779,115	4 83 05,12 86	288	904,779	6 51 44,06 53
249	782,257	4 86 95,47 15	289	907,920	6 55 97,24 00
250	785,398	4 90 87,38 52	290	911,062	6 60 51,98 56
251	788,540	4 94 80,86 97	291	914,203	6 65 08,30 19
252	791,681	4 98 75,92 50	292	917,345	6 69 66,18 90
253	794,823	5 02 72,55 11	293	920,487	6 74 25,64 70
254	797,965	5 06 70,74 79	294	923,628	6 78 86,67 57
255	801,106	5 10 70,51 56	295	926,770	6 83 49,27 52
256	804,248	5 14 71,85 40	296	929,911	6 88 13,44 55
257	807,389	5 18 74,76 33	297	933,053	6 92 79,18 66
258	810,531	5 22 79,24 33	298	936,195	6 97 46,49 85
259	813,673	5 26 85,29 42	299	939,336	7 02 15,38 12
260	816,814	5 30 92,91 59	300	942,478	7 06 85,83 47

RÉGULATEUR FARCOT

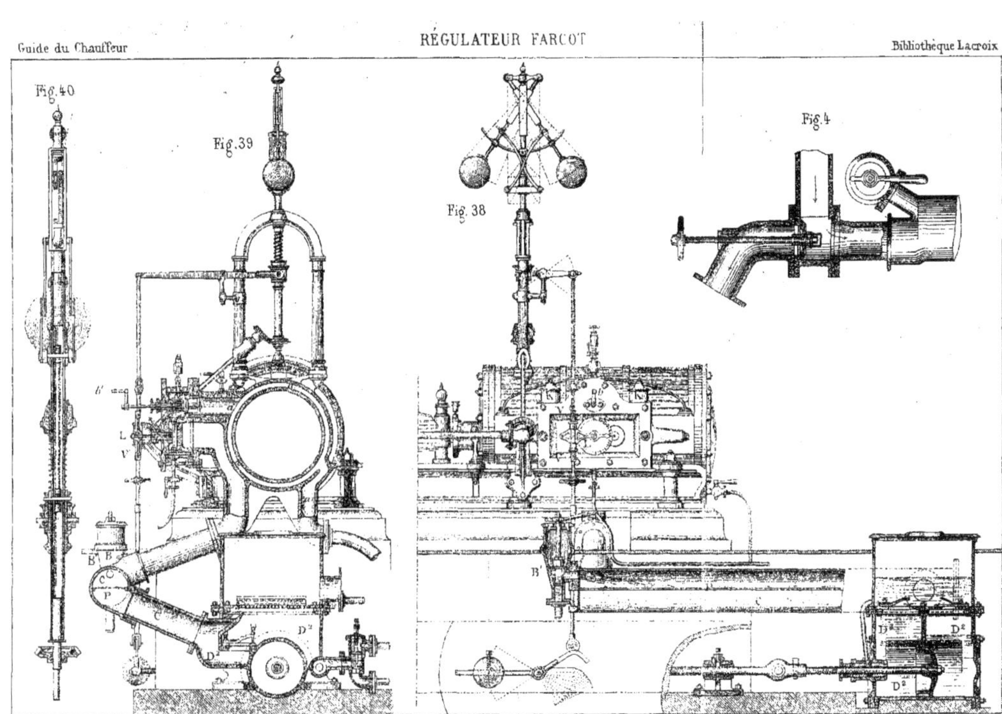

Imp. Monrocq, 3, Rue Suger, Paris.

Librairie J. HETZEL & Cie. 18 Rue Jacob Paris

TABLE DES MATIÈRES

FIN DE LA TABLE.

Paris. — Imp. Gauthier-Villars et fils, 55, quai des Grands-Augustins.

ENSEIGNEMENT PROFESSIONNEL

BIBLIOTHÈQUE

DES

PROFESSIONS

INDUSTRIELLES, COMMERCIALES et AGRICOLES

PARIS

J. HETZEL ET Cie, ÉDITEURS

18, RUE JACOB, 18

CATALOGUE E. F.

Bibliothèque des Professions industrielles, commerciales et agricoles

Le premier mérite des volumes qui composent cette ENCYCLOPÉDIE c'est d'être accessibles par la forme, par le fond et par le prix, aux personnes qui ont le plus souvent besoin d'indications pratiques sur la profession dont elles font l'apprentissage, ou dans laquelle elles veulent devenir plus intelligemment habiles.

A ces personnes, dont le nombre est très grand, il faut des *guides pratiques exacts*, d'un format commode, d'un prix modéré, rédigés avec clarté et méthode, comme est clair et méthodique l'enseignement direct du professeur à l'élève ou celui du maître à l'apprenti. Telle a été la pensée qui a présidé à la publication de la *Bibliothèque des professions industrielles, commerciales et agricoles*.

Elle se compose de *onze séries*, qui se subdivisent comme suit :

A. **Sciences exactes.** — B. **Sciences d'observation.** — C. **Art de l'Ingénieur.** — D. **Mines et Métallurgie.** — E. **Professions commerciales.** — F. **Professions militaires et maritimes.** — G. **Arts et métiers, Professions industrielles.** — H. **Agriculture, Jardinage, etc.** — I. **Economie domestique, Comptabilité, Législation, Mélanges.** — J. **Fonctions politiques et administratives, Emplois de l'Etat, Départementaux et Communaux, Services publics.** — K. **Beaux-arts, Décoration, Arts graphiques.**

Les volumes de cette collection sont publiés dans le format grand in-18, la plupart d'entre eux sont illustrés de gravures qui viennent mieux faire comprendre le texte ; des atlas renferment les dessins qui exigent d'être représentés à grandes échelles et avec plus de détails.

L'ENVOI est fait franco pour toute demande dépassant 15 francs et accompagnée de son montant en billets de banque, timbres-poste, mandats-poste, chèques ou mandats à vue sur Paris, coupons de valeur (déduction faite de l'impôt de 5 0/0). Le prix du port est de 30 centimes pour les volumes de 3 francs et au-dessous ; 40 centimes pour les volumes de 4 francs ; 50 centimes pour les volumes de 5 et 6 francs ; — 60 centimes pour les volumes au-dessus de ce prix.

NOTA. — Les ouvrages marqués d'un ✳ ont été choisis par le ministère de l'Instruction publique pour faire partie des catalogues des bibliothèques publiques scolaires. Le deuxième *, plus petit, désigne les ouvrages choisis pour être distribués en prix.

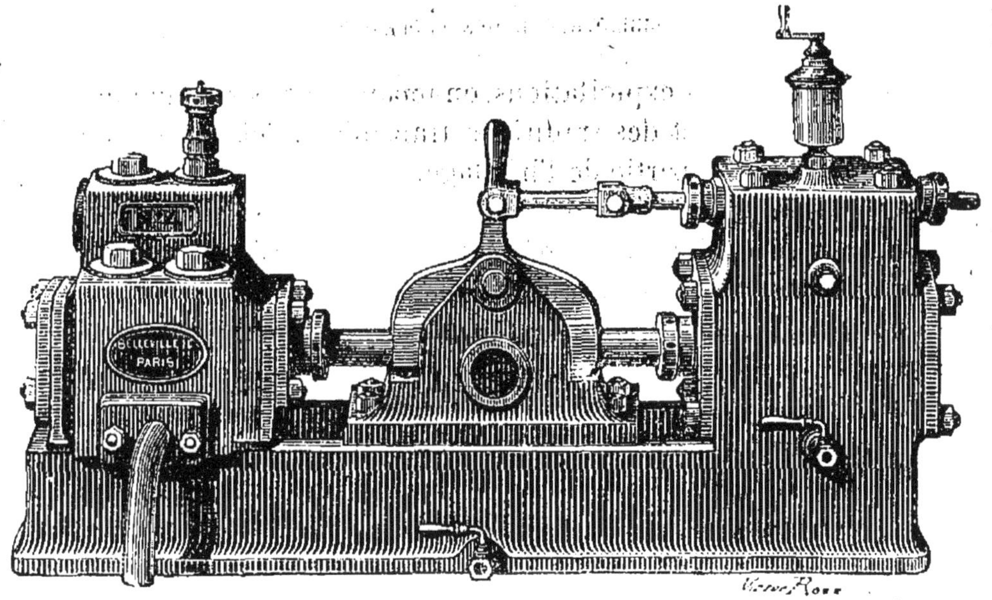

Figure spécimen du *Guide pratique de l'ouvrier mécanicien*. (Voir page 44.)

BIBLIOTHÈQUE DES PROFESSIONS

industrielles, commerciales et agricoles

Parmi les bibliothèques spéciales, techniques plutôt, qui tiennent ou commencent à tenir une si grande place dans la librairie contemporaine, il faut citer au premier rang la *Bibliothèque des Professions industrielles, commerciales et agricoles*, mise en vente par la librairie Hetzel, et qui comprend déjà 121 ouvrages formant 128 volumes. Le champ est vaste de toutes les connaissances exigées, ou qui devraient l'être, par ceux, — et le nombre en est de plus en plus considérable, — qui se destinent à l'industrie, au commerce ou à l'agriculture. Autrefois, il n'y a pas longtemps encore, la seule science à peu près reconnue était la routine. En tout, partout, dans les grandes comme dans les petites exploitations, on tenait à ne pas s'éloigner des habitudes et des traditions transmises. Cela faisait, en quelque sorte, partie de l'héritage.

Depuis quelques années, nous commençons, en France, à nous affranchir de ces méthodes arriérées. C'était bon de s'enfermer dans sa coquille quand les communications étaient difficiles, quand on sè suffisait, pour ainsi dire, chacun chez soi, et quand on n'avait qu'un médiocre intérêt à suivre les progrès de l'industrie, par exemple, puisque la production répondait à la consommation. Aujourd'hui, ce n'est plus tout à fait cela ; c'est à qui fera le mieux, et, en même temps, fera le plus vite. La rapidité des transports, la rapidité des demandes qui peuvent être transmises, le même jour, d'un bout du monde à l'autre, ont provoqué une concurrence presque sans limites, et c'est tant pis pour ceux qui, s'en tenant aux vieux moyens, n'ont à leur service qu'un outillage inférieur. N'en pourrait-on dire autant pour l'agriculture, si complètement transformée depuis quelques années? et même pour le commerce, dont les relations, au lieu d'être limitées, confinées dans un certain rayon, sont aujourd'hui universelles?

Quoi de plus naturel que d'étudier les conditions nouvelles auxquelles sont soumises les industries diverses, les transactions commerciales, les exploitations agricoles ? Et en même temps, quoi de plus curieux, pour cette partie du public éclairé et qui aime d'autant plus à s'instruire, que l'étude rendue claire et facile, de ces trois choses qui sont les bases mêmes de la fortune d'un pays? Les spécialistes n'ont qu'à choisir, dans les rayons de cette bibliothèque, pour trouver aussitôt ce qui les concerne et les intéresse. Autant de branches de la science, autant de traités particuliers, composés et écrits par les savants les plus autorisés et les professeurs les plus compétents.

La collection comprend onze séries consacrées à des ouvrages spéciaux, mais réunis tous, cependant, par un lien commun. Ainsi, il y a une série pour les sciences exactes, une autre pour les sciences d'observation. Dans la troisième, se trouve traité, sous ses différents aspects, l'art de l'ingénieur ; la quatrième s'occupe des mines et de la métallurgie. Ici sont étudiées les machines motrices ; là les professions militaires et maritimes. Plus loin, sous la rubrique Arts et Métiers, sont passées en revue les professions industrielles ; puis enfin l'agriculture, le jardinage et tout ce qui s'y rattache, l'étude des eaux, des bois et forêts, et enfin l'économie domestique. On voit tout ce qui peut tenir de traités particuliers dans cette nomenclature générale. Chacun a son volume, accompagné de dessins explicatifs et de figures, quand il est nécessaire, pour les mieux mettre à la portée du public.

Il est aisé de comprendre qu'une telle collection ne peut pas être exactement limitée, par la raison bien simple qu'elle doit se tenir à la hauteur du mouvement, c'est-à-dire du progrès, et tenir compte des inventions nouvelles qui, sans bouleverser de fond en comble les systèmes adoptés, les transforment en partie, ou tout au moins les modifient. Telle qu'elle est, on peut la considérer déjà comme supérieure à tout ce qui existe dans le même ordre d'idées. Le cadre général est plus vaste et peut s'élargir encore ; quant aux traités particuliers, comment n'offriraient-ils pas toutes les garanties désirables, grâce aux noms des spécialistes qui les ont rédigés? La physique, la chimie, les sciences naturelles, d'un côté, la géométrie, l'algèbre, de l'autre, sont enseignées de la façon la plus claire, et, ce qu'il ne faut pas oublier, par des moyens mis à la portée des gens du monde désireux d'acquérir des connaissances au moins superficielles sur toutes choses.

Ce qui caractérise notre époque est un immense besoin de savoir. On veut au moins des notions sur toutes choses. Comment les propriétaires, par exemple, pourraient-ils se rendre compte des engagements imposés à leurs fermiers, s'ils n'étaient, eux-mêmes, au fait des exigences de l'agriculture? Et il en est partout ainsi.

Cette bibliothèque répond donc à un besoin réel, à un moment où la machine remplace de plus en plus les bras et où le mécanicien fait des progrès constants. Rien de plus clair et de plus complet n'a été fait jusqu'à ce jour, ni de plus réellement utile. C'est l'encyclopédie du dix-neuvième siècle, qui se recommande aussi bien par la variété des sujets que par la valeur propre de chacun d'eux, où l'on trouve, en même temps que les vues d'ensemble, les guides pratiques de toutes les industries en exploitation et de toutes les professions et métiers. Nous ne saurions trop la recommander aux gens du monde curieux de notions générales, ainsi qu'aux personnes désireuses d'apprendre ou d'approfondir une spécialité.

Gravure spécimen du *Manuel pratique de Jardinage.* (Voir page 40.)

LISTE DES OUVRAGES

PAR ORDRE DE SÉRIE

SÉRIE A

SCIENCES EXACTES

1. **P. Leprince**. Principes d'algèbre. 1 vol. . . . . . . 4 »
2. **Lenoir**. Calculs et comptes faits. . . . . 4 »
3-4. **Ch. Rozan**. Leçons de géométrie. 1 vol., 4 fr., et un atlas, 2 fr. — L'ouvrage complet. . . . . 6 »
5-6. **Ortolan** et **Mesta**. Dessin linéaire. 1 vol., 4 fr., et un atlas, 2 fr. — L'ouvrage complet. . . . . 6 »

SÉRIE B

SCIENCES D'OBSERVATION

CHIMIE — PHYSIQUE — ÉLECTRICITÉ

1. Dr **Sacc**. Chimie minérale. 1 vol. . . . . 3 »
2. —— Chimie organique. 1 vol . . . . 3 »
3-4. **Hetet**. Chimie générale élémentaire. 2 vol. . . . . . 10 »
5. **Chevalier**. L'étudiant photographe. 1 vol. . . . . . . 3 »
6. **Gaudry**. Essais des matières industrielles. 1 vol. . . . 4 »
7. **B. Miège**. Télégraphie électrique. 1 vol. . . . . 2 »
8. **Du Temple**. Introduction à l'étude de la physique. 1 vol. 4 »
9. **Flammarion (C.)**. Manuel pratique de l'astronome (*en preparation*). . . . . » »
10. **Frésenius** et **Will**. Potasses, soudes. 1 vol.. . . . . 2 »
11. **Liebig**. Introduction à l'étude de la chimie. 1 vol. . . 3 »
12. **J. Brun**. Fraudes et maladies du vin. 1 vol. . . . . . 3 »

13. Dr **Lunel**. Les falsifications. 1 vol. . . . . 4 »
14-15. **Noguès**. Minéralogie appliquée. 2 volumes à 4 fr. . . . . 8 »
16. **Du Temple**. Transmission de la pensée et de la voix. 1 vol. 4 »
17. **Snow-Harris**. Leçons d'électricité. 1 vol. . . . . . . 3 »
18. **Laffineur**. Hydraulique et hydrologie. 1 vol. 3 50
19-20. **R. Clausius**. Théorie mécanique de la chaleur. 2 volumes à 4 fr. . . . . 8 »

SÉRIE C

ART DE L'INGÉNIEUR

PONTS ET CHAUSSÉES — CHEMINS DE FER — CONSTRUCTIONS CIVILES

1. **Guy**. Guide du géomètre arpenteur. 1 vol. . . . . . . 4 »
2-3. **Birot**. Guide du conducteur des Ponts et Chaussées et de l'agent voyer.
Première partie. Ponts. 1 vol. . . . . 4 »
Deuxième partie. Routes. 1 vol. . . . . 4 »
4. **G. Cornet**. Album des chemins de fer. 1 vol. . . . . 10 »
5. **Viollet-le-Duc**. Comment on construit une maison. 1 vol. 4 »
6. **Viollet-le-Duc**. Introduction à l'étude de l'architecture (*en préparation*) . . . . » »
7. **Pernot**. Guide du constructeur. 1 vol . . . . 4 »
8. **Frochot**. Cubage et estimation des bois. 1 vol . . . . 4 »
10. **Demanet**. Maçonnerie. 1 vol. (*épuisé*) . . . . » »
11. **Laffineur**. Roues hydrauliques. 1 vol. 3 50
12. **Dinée**. Engrenages. 1 vol 3 50
13. Dynamite et agents explosifs (*en préparation*) . . . . » »
19-20. **Bouniceau**. Constructions à la mer. 1 vol. et 1 atlas. . 18 »
21. **Emion**. Exploitation des chemins de fer. Voyageurs et Bagages. 1 vol.. . . . . 4 »
22. **Emion**. Exploitation des chemins de fer. Marchandises. 1 vol. 4 »

SÉRIE D

MINES ET MÉTALLURGIE

GÉOLOGIE — HISTOIRE NATURELLE

1. **Dana**. Manuel du Géologue. 1 vol. . . . . 4 »
3. **D.-L.** Métallurgie pratique. 1 vol. . . . . 4 »

4. **Fairbairn.** Le fer. 1 vol. . . . . 4 »
5. **L.-B.-J. Dessoye.** Emploi de l'acier. 1 vol. . . . . . . 4 »
6. **Landrin.** Traité de l'acier. 1 vol. . . . . 4 »
7. **Agassiz et Gould.** Manuel du Naturaliste — Zoologie — (*en préparation*). . . . . » »
11. **C. et A. Tissier.** Aluminium et métaux alcalins. 1 vol. 3 »
12. **Guettier.** Alliages métalliques. 1 vol. . . . . 3 »
13. **Drapiez.** Minéralogie usuelle. 1 vol. . . . . 3 »

SÉRIE E

PROFESSIONS COMMERCIALES

1. Manuel des Entreprises commerciales (*en préparation*). » »
2. **Bourdain.** Manuel du Commerce des Tissus. 1 vol. . . 3 »
3. Manuel du Caissier (*en préparation*). . . . . » »
4. **Emion.** La liberté et le courtage des marchandises (*épuisé*). . . . . » »

SÉRIE F

PROFESSIONS MILITAIRES ET MARITIMES

1. **Doneaud.** Droit maritime. 1 vol. . . . . 3 »
2. **Bousquet.** Architecture navale. 1 vol. . . . . 2 »
3. **Tartara.** Code des bris et naufrages. 1 vol. . . . . . 4 »
4. **Steerk.** Poudres et salpêtres. 1 vol. . . . . 4 »
5. **Juven.** Comment on devient officier. 1 vol. . . . . . 4 »

SÉRIE G

ARTS ET MÉTIERS

PROFESSIONS INDUSTRIELLES

1. **Basset.** Culture et alcoolisation de la betterave. 1 vol. 3 »
2. **Rouland.** Nouveaux barèmes de serrurerie. 1 vol. . . 4 »
3. **Dubief.** Guide du Féculier et de l'Amidonnier. 1 vol. . 4 »
4. **Souviron.** Dictionnaire des termes techniques. 1 vol. . 6 »

5. **Dromart**. Carbonisation des bois. 1 vol. . . . . 4 »
6. **Gaisberg** et **Baye**. Manuel de montage des appareils d'éclairage électrique. 1 vol. . . . . 2 »
7. **Jaunez**. Manuel du chauffeur. 1 vol. . . . . 2 »
8. **Violette**. Fabrication des vernis. 1 vol. . . . . 6 »
9. **Th. Chateau**. Corps gras industriels. 1 vol. . . . . . 4 »
10. **Mulder**. Guide du brasseur. 1 vol. . . . . 4 »
11. **Dubief**. Traité de la fabrication des liqueurs. 1 vol. . . 4 »
12. **Houzé**. Le livre des métiers manuels. 1 vol. . . . . . 4 »
13. **J.-F. Merly**. Livre du charpentier. 1 vol. . . . . . . 4 »
14. **Fol**. Guide du teinturier. 1 vol. . . . . 4 »
15. **Barbot**. *Guide du joaillier*. 1 vol. . . . . 4 »
16. **Leroux**. Filature de la laine. 1 vol. . . . . 15 »
17. **De Courten**. Collodion sec au tanin. 1 vol. . . . . . . 4 »
18. **Prouteaux**. Fabrication du papier et du carton. . . . 4 »
19. **Berthoud**. La charcuterie pratique . . . . 4 »
20. **Lunel**. Guide du parfumeur. 1 vol. . . . . 4 »
21. **H. de Graffigny**. L'ingénieur électricien. 1 vol. . . . 4 »
22. Guide pratique de l'ouvrier électricien (*en préparation*) » »
23. **L. Moreau**. Guide du bijoutier. 1 vol. . . . . 2 »

Ortolan. Guide de l'ouvrier *mécanicien*.

24. *Mécanique élémentaire. 1 vol. . . . . 4 »
25. **Mécanique de l'atelier. 1 vol. . . . . 4 »
26. ***Principes et pratique de la machine à vapeur . . . 4 »
44. **Lunel**. Guide de l'épicerie. 1 vol. . . . . 3 »
48. **Monier**. Essai et analyse des sucres. 1 vol. . . . . . 3 »
51. **Dubief**. Vinification. 1 vol. . . . . 4 »

SÉRIE H

AGRICULTURE

JARDINAGE. — HORTICULTURE. — EAUX ET FORÊTS.
CULTURES INDUSTRIELLES. — ANIMAUX DOMESTIQUES. — APICULTURE.
PISCICULTURE.

---

1. **Gobin**. Agriculture générale (*en réimpression*). . . . » »
2. **Grimard**. Manuel de l'herboriseur. 1 vol. . . . . 4 »
3. **Laffineur**. Guide de l'ingénieur agricole. 1 vol. . . . 3 »
4. **Gayot**. Habitations des animaux. Écuries et Étables. 1 vol. . . . . 3 »
5. — Habitations des animaux. Porcheries, Bergeries. 1 vol. . . . . 3 »
6-7. **Pouriau**. Sciences physiques appliquées à l'agriculture. 2 vol. 14 »
8. **Kielmann**. Drainage. 1 vol. . . . . 2 »

9. **H. Gobin.** Entomologie agricole. 1 vol. . . . . 4 »
10. **Sérigne.** La Vigne et ses maladies. 1 vol. . . . . 3 »
11. **Gossin.** Conférences agricoles. 1 vol. . . . . 1 »
12. **Sourdeval.** Elevage et dressage du cheval (*en préparation*) . . . . » »
13. **Bourgoin d'Orly.** Cultures exotiques. 1 vol. . . . . 4 »
14. **Dubos.** Choix de la vache laitière. 1 vol. 2 50
15. **Dubief.** Le Trésor des vignerons et marchands de vin. 1 vol. . . . . 3 »
16. **Canu et Larbalétrier.** Météorologie agricole. 1 vol. . 2 »
17. **Mariot-Didieux.** L'éducateur de lapins. 1 vol. 2 50
18. — Education lucrative des poules. 1 vol. 4 »
19. — — des oies et canards. 1 vol. 2 50
20. **Larbalétrier.** Guide de Pisciculture et d'Aquiculture fluviales. 1 vol . . . . 4 »
21. **Mariot-Didieux.** Le chasseur médecin. 1 vol. . . . 2 »
23. **Courtois-Gérard.** Culture maraîchère. 1 vol. . . . . 4 »
32-33. **Gobin.** Culture des plantes fourragères. Prairies naturelles. Prairies artificielles. 1 volume. . . . . . . 4 »
40. **Fleury-Lacoste.** Le Vigneron. 1 vol. . . . . 3 »
41. **Courtois-Gérard.** Manuel pratique du jardinage. 1 vol. 4 »
42. **Koltz.** Culture du saule et du roseau. 1 vol. . . . . 2 »
43. **Sicard.** Culture du cotonnier. 1 vol. . . . . 2 »
48. **Lunel.** Acclimatation des animaux domestiques. 1 vol. 3 »
52. **F. Fraîche.** Guide de l'ostréiculteur. 1 vol. . . . . . 3 »
53. **Touchet.** Vidange agricole. 1 vol. . . . . 1 »
55. **Pouriau.** Chimiste agriculteur. 1 vol.. . . . . 6 »
56. **Lerolle.** Botanique appliquée. 1 vol. . . . . 4 »

SÉRIE I

ÉCONOMIE DOMESTIQUE

COMPTABILITÉ. — LÉGISLATION. — MÉLANGES

1. **Dubief.** Fabrication des vins factices. 1 vol. . . . . . . 2 »
2. **Lunel.** Economie domestique. 1 vol. . . . . 2 »
3. **I.-A. Rey.** Ferments et fermentation. 1 vol. . . . . . . 4 »
4. **Dubief.** Le Liquoriste des dames. 1 vol. . . . . 3 »
5. **Hirtz.** Coupe et confection des vêtements de femmes ou d'enfants. 1 vol. . . . . 3 »
6. **Dufréné.** Droits des inventeurs. 1 vol. . . . . 3 »
8. **Baude.** Calligraphie. 1 vol. . . . . 4 »
9. **Lescure.** Traité de géographie. 1 vol. . . . . 3 »
10. **Block (M.).** Principes de législation pratique appliquée au Commerce, à l'Industrie et à l'Agriculture. 1 vol. 4 »

12. **Emion.** Manuel des expropriés. 1 vol. . . . . 1 »
14. **Lunel.** Hygiène et médecine usuelle. 1 vol. . . . . . . 2 »
16. **J. d'Omalius d'Halloy.** Manuel d'Ethnographie. 1 vol. 4 »

SÉRIE J

FONCTIONS POLITIQUES & ADMINISTRATIVES

EMPLOIS DE L'ÉTAT, DÉPARTEMENTAUX, COMMUNAUX
SERVICES PUBLICS

Mortimer d'Ocagne. Les grandes Ecoles de France.

1. Services de l'État. 1 vol. . . . . 4 »
2. Carrières civiles. 1 vol. . . . . 4 »
3. **J. Albiot** (*Code départemental*). Manuel des Conseillers généraux. 1 vol. . . . . 4 »
4. Manuel des Conseillers communaux. 1 vol. (*en préparation*) . . . . » »
5. **Mortimer d'Ocagne.** Choix d'une carrière (*en préparation*). . . . . » »
6. **Lelay (E.).** Lois et règlements sur la Douane. 1 vol. . 4 »
7. **Laffolay.** Nouveau manuel des octrois. 1 vol. . . . . 4 »

SÉRIE K

BEAUX-ARTS — DÉCORATIONS
ARTS GRAPHIQUES

1. **Carteron.** Introduction à l'étude des Beaux-Arts (*en préparation*) . . . . » »
2. **Viollet-le-Duc.** Comment on devient dessinateur. 1 vol. 4 »
3. **Pellegrin.** Perspective. 1 vol. . . . . 2 »

Le cartonnage toile de chaque volume se paye 0,50 c. en plus des prix indiqués.

TABLE DES MATIÈRES

TRAITÉES DANS LA

BIBLIOTHÈQUE DES PROFESSIONS

INDUSTRIELLES, COMMERCIALES ET AGRICOLES

Collection de volumes grand in-18

BIBLIOGRAPHIE RAISONNÉE

A

ACCLIMATATION DES ANIMAUX DOMESTIQUES (*Guide pratique de l'*), étude des animaux destinés à l'acclimatation, la naturalisation et la domestication : Animaux domestiques, méthodes de perfectionnement, mammifères, oiseaux, poissons, insectes, précédée de considérations sur les climats et de l'Exposé des classifications d'histoire naturelle, etc., par le docteur LUNEL, 1 volume avec figures dans le texte. . . . . 3 fr.

M. le docteur Lunel a résumé les notions concernant l'acclimatation disséminées dans un grand nombre d'ouvrages volumineux. Ce livre sera consulté avec fruit par toutes les personnes qu'intéresse la grande question de l'acclimatation. Il peut être considéré comme un guide sûr dans les jardins d'acclimatation où sont réunies toutes les races d'animaux indigènes et étrangères, et il donne d'une manière concise et substantielle les notions usuelles nécessaires pour l'étude des animaux destinés à l'acclimatation, la naturalisation et la domestication.

ACIDES (Voir Chimie, page 24, et Potasses, page 54).

ACIER (*Guide pratique de l'emploi de l'*), ses propriétés, avec une introduction et des notes de Ed. Grateau, ingénieur civil des mines, par J.-B.-J. Dessoye, ancien manufacturier, 1 volume. . . . . 4 fr.

Ce livre constitue une véritable monographie de l'acier. M. Dessoye prend l'art de fabriquer l'acier à son origine et nous montre ses progrès. Il signale la nature et les propriétés natives de l'acier, en indique les différents modes d'élaboration et termine son guide par une étude sur l'emploi de l'acier dans les manipulations qu'on lui fait subir. Comme le fait remarquer M. Grateau dans sa savante introduction, ce livre s'adresse à tous ceux qui sont appelés à acheter et à consommer de l'acier d'une qualité quelconque, sous toute forme, et il devra être consulté par tous les praticiens.

Extrait de la table. — Considérations préliminaires. — Etudes historiques sur la fabrication de l'acier. — Etudes générales sur l'existence des propriétés natives. — Etudes sur l'emploi de l'acier, considéré dans ses propriétés caractéristiques. — De l'emploi de l'acier considéré dans les manipulations qu'on lui fait subir.

ACIER (*Traité de l'*), théorie métallurgique, travail pratique, propriétés et usages, par H.-C. Landrin fils, ingénieur civil, 1 volume, avec figures. . . . . 4 fr.

Figure spécimen du *Traité de l'acier*.

Les deux ouvrages de MM. Landrin et Dessoye se complètent l'un par l'autre. Ils donnent au complet la fabrication et l'emploi de l'acier. Nous avons dit, en parlant de celui de M. Dessoye, en quoi consistait son étude; nous allons, par un extrait de la table des matières du livre de M. Landrin, indiquer en quoi il complète le précédent. — Histoire de l'acier, sa découverte, sa métallurgie dans l'antiquité et dans les différentes contrées. — De la chaleur, de l'oxygène, du soufre, de la chaux, des minerais de fer, des combustibles. — De l'acier et de sa théorie. — Théorie de Réaumur, docimasie. — Métallurgie, acide naturel, acier de fonte, acier puddlé, acier cimenté, acier de fusion, acier du Wootz.

Nouveaux procédés : Procédé Chenot, procédé Bessemer, procédé Taylor, procédé Uchatuis, acier damassé. *Etoffes* : Travail de l'acier, raffinage, soudure, recuit à la forge, trempe, recuit à la trempe, écrouissage. *Propriétés de l'acier* : Des limes, du fil d'acier, des aiguilles, tôle d'acier, des scies.

AGENT VOYER (Voir Ponts et Chaussées, page 53).

AGRICULTURE GÉNÉRALE (*Guide pratique d'*), par A. Gobin, 1 vol. — **En réimpression.** —

ALGÈBRE (*Principes d'*), par Paul Leprince, ingénieur, ancien élève de l'École d'arts et métiers de Châlons-sur-Marne, 1 volume avec figures . . . . . 4 fr.

Un ouvrage de ce genre n'a pas encore été publié. Il indique les moyens les plus prompts et les plus simples à employer pour parvenir à la solution des problèmes. Il ne comprend que la marche pratique à suivre en algèbre pour arriver aux formules appliquées dans l'industrie en général.

ALLIAGES MÉTALLIQUES (*Guide pratique des*), par A. Guettier, ingénieur, directeur de fonderies, etc. 1 volume . . . . 3 fr.

Après avoir donné quelques explications préliminaires sur les propriétés physiques et chimiques des métaux et des alliages, l'auteur examine au point de vue des alliages entre eux les métaux spécialement industriels, c'est-à-dire d'un usage vulgaire très répandu (cuivre, étain, zinc, plomb, fer, fonte, acier). Il donne ensuite quelques indications générales sur les métaux appartenant aux autres industries, mais n'occupant qu'une place secondaire (bismuth, antimoine, nickel, arsenic, mercure), et sur des métaux riches appartenant aux arts ou aux industries de luxe (or, argent, aluminium, platine); enfin, il envisage les métaux d'un usage industriel restreint, au point de vue possible de leur association avec les alliages présentant quelque intérêt dans les arts industriels.

ALUMINIUM et MÉTAUX ALCALINS (*Guide pratique de la recherche, de l'extraction et de la fabrication de l'*). Recherches techniques sur leurs propriétés, leurs procédés d'extraction et leurs usages, par Charles et Alexandre Tissier, chimistes-manufacturiers. 1 volume, 1 planche et figures dans le texte . . . . 3 fr.

Les notions sur l'aluminium se trouvaient disséminées dans des recueils nombreux publiés en France et à l'étranger. Les auteurs de ce guide ont eu l'idée de faire de ces notions éparses un tout homogène dans lequel, après avoir retracé l'historique de la préparation des métaux alcalins, ils esquissent l'histoire de la préparation de l'aluminium. Des chapitres spéciaux sont consacrés à la fabrication industrielle et aux propriétés physiques et chimiques de ce nouveau métal, qui a conquis très rapidement une grande place dans l'industrie.

AMIDONNIER (Voir Féculier et Amidonnier, p. 34).

ANIMAUX (Voir Habitations des Animaux, page 37).

ANIMAUX DOMESTIQUES (Voir Acclimatation des Animaux domestiques, page 13).

ARCHITECTURE (*Introduction à l'étude de l'*), par VIOLLET-LE-DUC. — **En préparation.** —

ARCHITECTURE NAVALE (*Guide pratique d'*) à l'usage des capitaines de la marine du commerce, appelés à surveiller les constructions et les réparations de leurs navires, par Gustave BOUSQUET, capitaine au long cours, ingénieur, 1 volume avec figures dans le texte . . . . 2 fr.

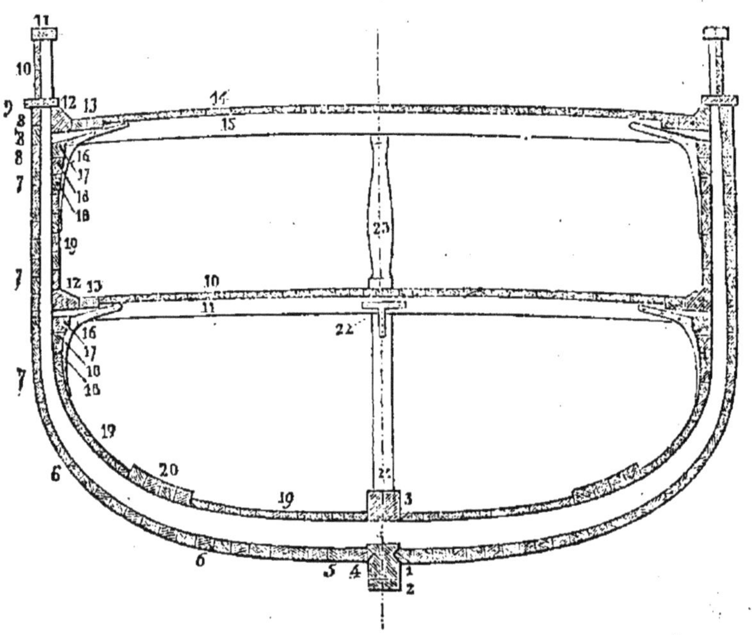

Figure spécimen du *Guide pratique d'architecture navale*.

Dans la *première partie*, l'auteur traite de la connaissance des cales, c'est-à-dire l'endroit où doit être réparé le navire. — Droit et tour d'une pièce. — Ecarts. — Quille. — L'étrave. — L'étambot. — L'assemblage des couples, etc.

Dans la *deuxième partie*, nous avons les revêtements intérieurs. — La lisse. — Les carlingues. — Les livets. — Bauquières. — Barrots. — Epontilles, etc.

Puis les revêtements extérieurs. Précintes, bordées, bois étuvés, chevillage, clous, calfatage, panneaux ou écoutilles, etc.

Cet abrégé très sommaire des matières contenues dans ce volume suffira pour faire comprendre que sa lecture ne peut être que très profitable.

ASTRONOMIE (*Manuel pratique de l'*), par Camille FLAMMARION. *L'art d'observer le ciel et de se servir des instruments d'optique.* 1 volume. — **En préparation.** —

Figure spécimen de l'*Ingénieur électricien.* (Voir page 32.)

B

BEAUX-ARTS (*Introduction à l'étude des*). 1 volume. — En préparation. —

BERGERIES (voir Habitation des animaux, page 37).

BETTERAVE (*Traité pratique de la culture et de l'alcoolisation de la*). Résumé complet des meilleurs travaux faits jusqu'à ce jour sur la betterave et son alcoolisation, renfermant toutes les notions nécessaires au cultivateur et au distillateur, ainsi que l'examen des méthodes de pulpation, de macération, de fermentation et de distillation employées aujourd'hui. 3e édition corrigée et considérablement augmentée, par N. Basset. 1 volume avec figures dans le texte . . . . 3 fr.

Avant de donner au public cette nouvelle édition, l'auteur avait étudié à fond les principales questions relatives à la culture, à la distillation de la betterave, afin d'apporter son contingent à la grande question de la transformation agricole, par les données que l'expérience lui a fournies. Il a voulu mettre sous les yeux des agriculteurs et des distillateurs les faits techniques, scientifiques et pratiques, dans la plus grande simplicité d'expression. Il examine avec impartialité les différents systèmes : Champonois, Kessler, Dubrunfaut, etc.

BIÈRE (Voir Brasseur, page 20).

BIJOUTIER (*Guide pratique du*). Application de l'harmonie des couleurs dans la juxtaposition des pierres précieuses, des émaux et de l'or de couleur, par L. Moreau, bijoutier et dessinateur. 1 volume avec 2 planches coloriées . . . . 2 fr.

Ce petit livre est une protestation hardie contre l'esprit de routine. L'auteur a réuni les données fournies par la science sur l'harmonie et le contraste des couleurs, et comparant ces données aux observations faites dans la pratique du métier, il a formé une théorie applicable à la bijouterie.

BOIS EN FORÊTS (*Carbonisation des*), par E. Dromart, ingénieur civil, 1 volume avec figures et 1 planche . . . . 4 fr.

Extrait de la table des matières : Bois. — Charbon de bois. — Carbonisation des meules en forêts. — Carbonisation des bois à goudron. — Appareils à vases clos. — Appareils à vapeur surchauffée. — Carbonisation des bois durs, des tiges de bruyère. — Analyse des charbons.

BOIS (*Guide théorique et pratique de Cubage et d'Estimation des*) à l'usage des propriétaires, régisseurs, marchands de bois, gardes forestiers, etc., etc., par Alexis FROCHOT, sous-inspecteur des forêts, etc. 2e édition. 1 volume, tableaux et 14 figures et 1 planche graphique donnant les tarifs de cubage des arbres sur pied et des arbres abattus. . . . . 4 fr.

Figure spécimen du *Guide de cubage et d'estimation des bois.*

Extrait de la table des matières. — **Cubage des bois abattus**. Bois en grume, bois ronds, bois méplats, bois équarris, bois de feu : exécution des calculs de cubage. — **Cubage des bois sur pied.** — Mesures des hauteurs : 1o au dentromètre ; 2o à vue d'œil ; 3o mesure des diamètres. — Cubage des résineux. — **Estimation des bois sur pied en matière**, bois de charpente, étais, perches de mines, poteaux télégraphiques, sciage, traverses de chemins de fer, bois de fente, bois de feu, écorces, frais de transport et d'exploitation. — Estimation en argent. — **Estimation des forêts en fonds et superficie.** — Exposé de la méthode, bois susceptibles de revenus égaux et périodiques, bois donnant des revenus inégaux. — Procédés de calculs à employer. — Applications, tarifs linéaires, renseignements bibliographiques.

BOTANIQUE (** Traité pratique et élémentaire de*) appliquée à la culture des plantes, par Léon LEROLLE, ancien élève de l'Ecole d'agriculture de Grand-Jouan, membre de la Société d'horticulture de Marseille, 1 volume, 108 figures dans le texte. . . . . 4 fr.

Extrait de la table : De la germination des graines, choix et conservation des graines. — De la végétation des plantes, des bourgeons. — Phénomènes souterrains, phénomènes aériens, phénomènes anatomiques de la végétation. — Nutrition des végétaux, nature des substances absorbées par les racines, sécrétion, transpiration. — Agents essentiels de la végétation. — De la reproduction des plantes, du périanthe, des étamines, du pistil, des ovules. — Floraison. — Fécondation. — Fructification. — Granification.

BRASSEUR (*Guide du*) ou *l'Art de faire de la Bière,* par G.-J. MULDER, professeur à l'Université d'Utrecht. Traité élémentaire théorique et pratique. La bière, sa composition chimique, sa fabrication, son emploi comme boisson, traduit de l'allemand et annoté par L.-F. Dubief, chimiste, nouvelle édition revue et corrigée, par M. Ch. BAYE. 1 vol. . . . . 4 fr.

M. Mulder a tâché d'analyser tous les écrits qui ont été publiés sur ce sujet pour en tirer la quintessence en y apportant de son propre fond. C'est un travail consciencieusement écrit, fruit de laborieuses études dont le brasseur pourra faire son profit.

BRIS ET NAUFRAGES (*Nouveau code des*), ou sûreté et sauvetage maritime, publié avec l'autorisation du ministre de la Marine et des Colonies, par J. TARTARA, commissaire ordonnateur de la marine en Algérie, 1 volume . . . . 4 fr.

C

CAFÉIER ET CACAOYER (Voir Cultures exotiques, page 28).

CAISSIER (*Manuel du*). Traité théorique et pratique des PAYEMENTS et RECETTES. — **En préparation.** —

CALCULS ET COMPTES FAITS à l'usage des industriels en général et spécialement des mécaniciens, charpentiers, serruriers, chaudronniers, toiseurs, arpenteurs, vérificateurs, etc. Troisième édition complètement refondue des calculs faits de A. LENOIR, par Joseph VINOT. 1 volume et tableaux . . . . 4 fr.

Son objet est d'éviter aux chefs d'atelier une foule de calculs souvent assez difficiles à résoudre; enfin c'est un aide-mémoire qui est appelé à rendre de grands services par le temps qu'il fait économiser. Il se divise comme suit: 1° Arithmétique. — 2° Conversion — 3° Physique. — 4° Mécanique. — 5° Frottements, résistances. — 6° Cubage des métaux. — 7° Cubage des bois. — 8° Tables commerciales.

CALLIGRAPHIE. Cours d'écriture avec 32 planches, par L. BAUDE, 1 vol. . . . . 4 fr.

SOMMAIRE : Objets et instruments nécessaires pour écrire. — Formes et variante de l'écriture anglaise. — De la manière de tenir la plume. — Principes généraux de l'écriture anglaise. — Des différentes grosseurs d'écriture. — Majuscules. — Minuscules. — Chiffres. — De l'expédiée ou cursive anglaise. — Des écritures fortes : Bâtarde, Coulée, Ronde et Gothique. — *De l'emploi dans l'écriture des accents, de la ponctuation et autres signes.*

CANARDS (Voir Oies et Canards, page 48).

CANNE A SUCRE (Voir Cultures exotiques, page 28).

CARBONISATION DES BOIS (Voir Bois, page 18).

CARTON (Voir Papier et Carton, page 50).

CENDRES (Voir Potasses, page 54).

CHALEUR (*Théorie mécanique de la*), traduit de l'allemand par F. FOLIE, professeur à l'École industrielle, et répétiteur à l'École des mines de Liège, par R. CLAUSIUS, professeur à l'Université de Wurtzbourg. 2 vol. à 4 fr., 8 fr.

CHARCUTERIE PRATIQUE (*La*), par Marc BERTHOUD, ancien charcutier, ex-président de la corporation des charcutiers de Genève. 2e édition. 1 volume avec 74 figures. . . . . 4 fr.

EXTRAIT DE LA TABLE DES MATIÈRES. — *1re partie :* Le porc, différentes races, élevage, engraissement, maladies, transports. — Locaux, appareils, ustensiles. — Condiments, accessoires. — Abatage du porc, utilisation des différentes parties du porc, salaison, désalaison. — Premières manipulations. — *2e partie :* Charcuterie proprement dite : Andouilles, andouillettes, boudins, saucisses, saucissons, jambons, petites pièces chaudes et froides. — Grosses pièces froides. — Sauces, accessoires. — Cochon de lait, sanglier. — Pâtisserie. — Terrines. — Décoration. — Conservation des viandes, conserves. — *3e partie :* Charcuterie allemande : saucisses, produits divers.

CHARPENTIER ⁂ (*Le livre de poche du*), application pratique à l'usage des CHANTIERS, des ÉLÈVES DES ÉCOLES PROFESSIONNELLES, etc., par J.-F. MERLY, charpentier, entrepreneur de travaux publics, membre de la

Société industrielle d'Angers, etc. Collection de 140 ÉPURES, 1 vol. 287 pages de texte et planches en regard. . . 4 fr.

M. Merly n'est pas un savant qui doit s'efforcer d'oublier la technologie de l'école pour parler le langage ordinaire de la plupart de ses auditeurs ; M. Merly est, au contraire, un ouvrier, un homme pratique, qui a cherché à se faire comprendre par les compagnons de travail auxquels il s'adressait, et qui est arrivé à des démonstrations si claires, à des explications si naturelles, que les théoriciens eux-mêmes ont bientôt eu à s'inspirer de ses travaux. Rien de plus net que ses dessins, rien de plus simple que ses préceptes : c'est en quelque sorte en se jouant qu'il arrive aux épures les plus compliquées. — C'est le résumé des cours faits par M. Merly à ses compagnons charpentiers.

CHASSEUR MÉDECIN (*Le*), ou traité complet sur les maladies du chien, par M. Francis CLATER, vétérinaire anglais, traduit de l'anglais sur la 27e édition. 3e édition française, corrigée et augmentée, par M. Mariot-Didieux. 1 volume. . . . . 2 fr.

Le succès que ce livre a eu en Angleterre (vingt-sept éditions) dispense de tout commentaire. Le guide que nous avons placé dans notre Bibliothèque en est la troisième édition française. M. Mariot-Didieux, le savant vétérinaire, en acceptant la revision de cette édition, s'est attaché à supprimer dans le texte original des formules trop compliquées, à en simplifier d'autres et en ajouter de nouvelles. Ainsi entièrement refondu, l'ouvrage est véritablement un traité complet sur les maladies du chien, traité auquel un chapitre sur l'art de mégisser les peaux pour en faire des tapis sert de complément.

CHAUFFEUR (*Manuel du*), guide pratique à l'usage des mécaniciens, des chauffeurs et des propriétaires de machines à vapeur; exposé des connaissances nécessaires, suivi de conseils afin d'éviter les explosions des chaudières à vapeur, par JAUNEZ, ingénieur civil. 3e édition revue et corrigée. 1 vol., 37 figures dans le texte et 1 planche. 2 fr.

Cet ouvrage est spécialement destiné aux chauffeurs, comme l'indique son titre. Les bons chauffeurs pour l'industrie privée sont rares et, par conséquent, recherchés. Les personnes qui ont des machines à vapeur ne sont que trop souvent obligées d'employer pour chauffeurs des hommes qui manquent non seulement des connaissances indispensables pour remplir un tel emploi, mais quelquefois même de la moindre instruction pratique. Dans de telles circonstances, il y a évidemment danger, et c'est pourquoi nous avons publié cet ouvrage, afin qu'il soit mis dans les mains de tous les ouvriers qui, sans savoir le premier mot de la théorie de la chaleur ni de la mécanique, seront à même, après l'avoir lu attentivement, de conduire une machine à vapeur. Cet ouvrage doit être dans leurs mains comme un catéchisme qui viendra leur apprendre leur métier.

Extrait de la table des matières : — Pression de l'air. — Baromètre. — Compression de l'air. — Pompes. — Du calorique. — Thermomètre. — Quantité d'eau nécessaire à la condensation de l'eau. — De la vapeur d'eau. — Des moyens pour connaître la force de la vapeur. — Manomètre. — Soupapes de sûreté. — Conduite du feu. — Chaudière. — Giffard. — Incrustations et dépôts dans les chaudières. — Des soins et de l'entretien des machines à vapeur. — Résumé des moyens ayant pour but d'éviter les explosions. — Mise en marche des machines à vapeur. — Renseignements généraux, etc.

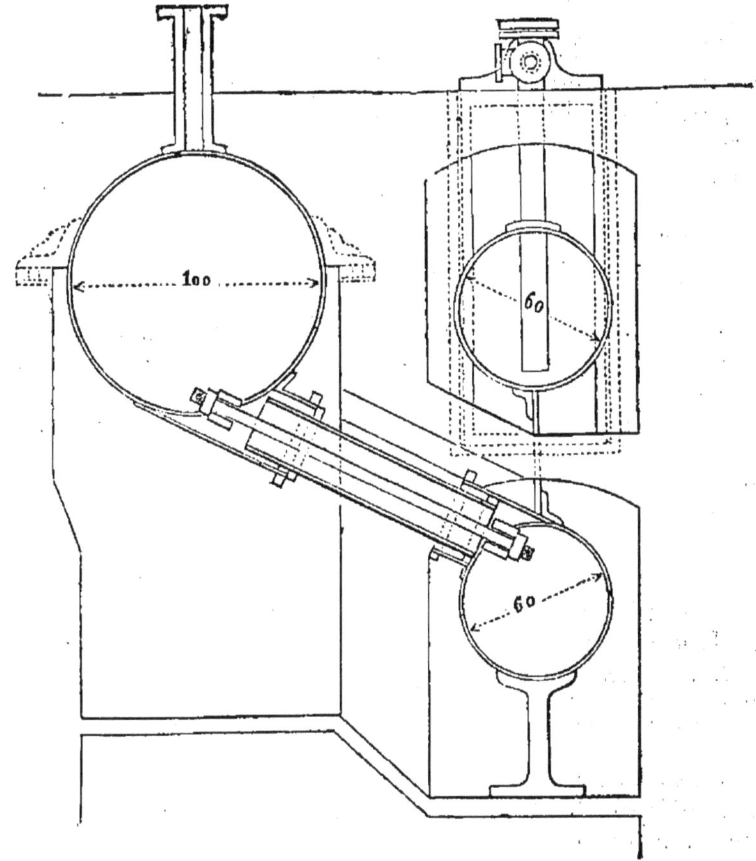

Figure spécimen du *Manuel du Chauffeur.*

CHEMINS DE FER (*Traité de l'exploitation des*), ouvrage composé de deux parties, précédé d'une préface de M. Jules Favre, par Victor Emion.

Première partie. — **VOYAGEURS ET BAGAGES.** . 4 fr.

Deuxième partie. — **MARCHANDISES.** . . . . . . 4 fr.

Aujourd'hui que tout le monde voyage, le manuel de M. V. Emion est devenu un guide indispensable. Il fait connaître à chacun ses droits et ses devoirs vis-à-vis des compagnies : il prend le voyageur chez lui, le mène à la gare, le suit à son départ, pendant sa route, à son arrivée, et le ramène à son domicile ; il prévoit toutes les difficultés, toutes les contestations, et en donne la solution fondée sur la loi, les règlements, la jurisprudence et l'équité.

Dans la seconde partie, M. Emion traite avec beaucoup de détails l'organisation du service des marchandises, les tarifs, les formalités exigées pour la remise des marchandises en gare, l'expédition, la livraison, enfin tout ce qui concerne les actions à intenter aux compagnies, soit pour avaries, soit pour retard, perte, négligence, etc.

CHEMINS DE FER (*Album des*), résumé graphique du cours professé à l'Ecole centrale des arts et manufactures. 4e édition, par G. CORNET, répétiteur à l'École centrale des arts et manufactures de Paris. 1 vol. texte et 74 planches gravées sur acier . . . . 10 fr.

CHEVAL (*Élevage et dressage du*), par de SOURDEVAL. 1 vol. — **En préparation.** —

CHIMIE (*Introduction à l'étude de la*), contenant les principes généraux de cette science, les proportions chimiques, la théorie atomique, le rapport des poids atomiques avec le volume des corps, l'isomorphisme, les usages des poids atomatiques et des formules chimiques, les combinaisons isomériques des corps catalyptiques, etc., accompagnée de considérations détaillées sur les acides, les bases et les sels, traduit de l'allemand par Ch. GÉRHARDT, augmentée d'une table alphabétique des matières présentant les définitions techniques et les relations des corps, par J. LIEBIG. 1 volume . . . . 3 fr.

L'accueil favorable que cette traduction a rencontré en France rappelle le succès obtenu en Allemagne par l'édition originale de l'illustre savant, considéré à juste titre comme l'un des princes de la chimie moderne.

CHIMIE (*Éléments de*), par le Dr SACC, professeur à l'Académie de Neuchâtel (Suisse), membre correspondant de la Société nationale de l'agriculture, professeur à Genève, etc. 2 volumes.

PREMIÈRE PARTIE. — **CHIMIE MINÉRALE** ou synthétique. 1 vol . . . . 3 fr. »

SECONDE PARTIE. — **CHIMIE ORGANIQUE** ou asynthétique. 1 vol. . . . . 3 fr. »

Ce petit traité, comme le dit l'auteur, n'a qu'une ambition, celle de faire aimer cette admirable science, d'en exposer aussi brièvement que possible le champ immense de manière à la rendre abordable à tous. C'est la première tentative d'une *chimie naturelle* et pure. L'auteur, laissant de côté tous les systèmes, aborde donc une voie qui doit devenir féconde.

CHIMIE GÉNÉRALE ÉLÉMENTAIRE, d'après les principes modernes, avec les principales applications à la médecine, aux arts industriels et à la pyrotechnie, comprenant l'analyse chimique qualitative et quantitative. Ouvrage publié avec l'approbation de M. le ministre de la Marine et des Colonies, par Frédéric HÉTET, professeur de chimie aux écoles de la marine, pharmacien en chef, officier de la Légion d'honneur, membre de plusieurs sociétés savantes. 2 volumes avec 174 figures dans le texte . . . . 10 fr.

CHIMIE INORGANIQUE appliquée à l'agriculture (Voir Sciences physiques, page 57).

CHIMIE ORGANIQUE appliquée à l'agriculture (Voir Sciences physiques, page 57).

CHIMISTE-AGRICULTEUR (*Manuel du*), par A.-F. POURIAU. 1 volume avec 148 figures dans le texte, et de nombreux tableaux, suivi d'un appendice. . . 6 fr.

Ce volume forme en quelque sorte le complément de la *Chimie organique* et de la *Chimie inorganique*. Il fait connaître les diverses manipulations qui sont décrites avec un très grand soin. Il contient, en outre, un grand nombre d'indications d'une utilité toute pratique.

L'intention de l'auteur en le publiant a été d'offrir aux personnes qui s'occupent de chimie agricole un guide renfermant la description des méthodes les plus simples à suivre dans l'analyse des divers composés naturels ou artificiels qui sont du domaine de l'agriculture. Désireux de mettre son livre à la portée de tout le monde, l'auteur a toujours eu le soin, dans l'exposé de ses méthodes, d'établir deux catégories d'essais. Les unes essentiellement pratiques et accessibles à tous, et les autres plus exactes et qui exigent une plus grande habitude des manipulations chimiques.

CHOIX D'UNE CARRIÈRE (*Le*), par MORTIMER D'OCAGNE. 1 vol. — **En préparation.** —

CODE DES BRIS ET NAUFRAGES (Voir Bris et Naufrages, page 20).

COLLODION SEC (*Manuel pratique de*) au tanin et de tirage économique des épreuves positives, suivi d'une étude sur la rectitude et le parallélisme des lignes en photographie, par le comte Ludovico de COURTEN, photographe. 1 volume avec figures dans le texte et une très belle photographie. . . . . 4 fr.

CONFÉRENCES AGRICOLES (*Guide pratique des*), accompagné d'un appendice comprenant des notes et des instructions pratiques puisées dans les Annales du Génie civil, par L. GOSSIN, cultivateur, professeur d'agriculture dans l'Oise. 1 volume. . . . . 1 fr.

(Ouvrage recommandé officiellement pour les écoles normales, etc.)

Dans les grandes villes, on tient des conférences ; M. Gossin a rêvé les conférences au village, des conversations intimes, familières, fructueuses. Dévoué depuis de longues années à l'enseignement rural, M. Gossin possède de plus l'art de la démonstration facile, et sa parole sympathique est écoutée avec plaisir et par conséquent avec fruit.

CONSEILLERS GÉNÉRAUX (*Manuel des*). Loi organique des conseillers généraux, avec les commentaires officiels, par J. Albiot. (*Code départemental.*) 1 volume. 4 fr.

Cet ouvrage peut être considéré comme un aide-mémoire à l'aide duquel les personnes notables appelées, en qualité de conseillers généraux, à discuter les intérêts de leur département, trouveront de nombreux renseignements relatifs à la législation qu'ils auront à appliquer.

CONSEILLERS COMMUNAUX (*Manuel des*). 1 vol. — **En préparation.** —

CONSTRUCTEUR (* *Guide pratique du*). Dictionnaire des mots techniques employés dans la construction, à l'usage des architectes, propriétaires, entrepreneurs de maçonnerie, charpente, serrurerie, couverture, etc., renfermant les termes d'architecture civile, l'analyse des lois de voirie, des bâtiments, etc., par L.-P. Pernot, officier de la Légion d'honneur, architecte-vérificateur des travaux publics. Nouvelle édition, corrigée, augmentée et entièrement refondue, par C. Tronquoy, ingénieur civil, et Ch. Baye. 1 volume . . . . 4 fr.

CONSTRUCTEUR (Voir Maçonnerie, page 43).

CONSTRUCTIONS A LA MER (*Études et notions sur les*), par Bouniceau, ingénieur en chef des ponts et chaussées. 1 volume avec atlas de 44 planches in-4°, dont plusieurs doubles . . . . 18 fr.

Cet ouvrage est le résumé d'études longues et consciencieuses d'un des ingénieurs en chef les plus distingués du corps national des ponts et chaussées. M. Bouniceau a attaché son nom à des travaux d'une haute importance. Son travail devra être médité par tous ceux qu'intéressent les nouveaux développements que doivent prendre les constructions conçues en vue d'améliorer les ports de mer et les ouvrages nécessaires à la préservation des côtes. L'atlas qui accompagne ces études est remarquable sous le rapport du choix des planches et de leur exécution.

Définitions et préliminaires. — Avant-ports. Bassins. Darses. — *Môles ou brise-lames.* — Môles à claire-voies. Môles anciens. Môles modernes. — *Jetées.* Ports à marée. Cheneaux. Dragues. Musoirs. Remorquage à vapeur dans les cheneaux. — *Ports d'échouage :* Epaisseur des quais. Ecluses. Portes d'èbe et de flot. Manœuvre des portes. Pose des portes. Ponts sur les écluses. *Bassins à flot :* leur forme, leur largeur, leur superficie. Valeur des places à quai. — *Nettoyage des ports.* — *Ouvrages pour la construction et le radoubage des na-*

vires : Cales de construction. Cales de débarquement. Machines élévatoires. — *Ports dans les rivières à marée.* — *Canaux maritimes.* — *Ouvrages à l'issue des ports de commerce.* Phares. Phares en fer sur pieux à vis. Phares flottants. Feux de port. Bouées, Balises. — *Matériaux de construction. Mortiers.* Pierres, sables, chaux et ciments. Fabrication des mortiers. Briques, bois. Fondations par épuisement. Fondations mixtes sur pilotis. Fondations en rade.

CORPS GRAS INDUSTRIELS (*Guide pratique de la connaissance et de l'exploitation des*), contenant l'histoire des provenances, des modes d'extraction, des propriétés physiques et chimiques, du commerce des corps gras, des altérations et des falsifications dont ils sont l'objet, et des moyens anciens et nouveaux de reconnaître ces sophistications. Ouvrage à l'usage des chimistes, des pharmaciens, des parfumeurs, des fabricants d'huiles, etc., des épurateurs, des fondeurs de suif, des fabricants de savon, de bougie, de chandelle, d'huile et de graisses pour machines, des entrepositaires de graines oléagineuses et de corps gras, etc., par Th. CHATEAU, chimiste, ex-préparateur au Muséum d'histoire naturelle. 2e édition, augmentée d'un appendice. 1 volume avec tableaux. . . . . . . 4 fr.

M. Chateau, en publiant la première édition de cet ouvrage, avait eu pour but de donner aux chimistes et aux manufacturiers une histoire aussi complète que possible des corps gras industriels employés tant en France qu'à l'étranger, et considérés au point de vue de leur provenance, de leur extraction, de leur composition, de leurs propriétés physiques et chimiques, de leur commerce et de leurs altérations spontanées ou frauduleuses.

Dans la nouvelle édition, M. Chateau a ajouté à sa monographie des corps gras un appendice renfermant quelques corrections indispensables et d'importantes additions.

COUPE et **CONFECTION** de vêtements de femmes et d'enfants (*Méthode de*). — Travaux à aiguille usuels. — Cours de couture en blanc. — Raccommodage. — Méthode de **TRICOT**. — Art de la coupe et de la confection en général, par Elisa HIRTZ. 1 volume avec 154 figures. . . . . 3 fr.

COTONNIER (*Guide pratique de la culture du*), par SICARD. 1 volume avec figures dans le texte. . . . . 2 fr.

La culture du cotonnier ne peut convenir qu'à de certaines contrées. M. Sicard, qui l'a expérimentée avec succès et pendant de longues années dans les provinces du Midi et en Algérie, a publié cet ouvrage pour faire profiter le public de l'expérience qu'il avait acquise dans la culture de cet arbrisseau.

L'ouvrage est enrichi de dessins exécutés d'après la photographie et d'une exactitude rigoureuse.

CUBAGE et **ESTIMATION DES BOIS** (Voir Bois, page 19).

CULTURES EXOTIQUES. Guide pratique de la culture de la **CANNE A SUCRE**, du **CAFIER**, du **CACAOYER**, suivi d'un traité de la **FABRICATION DU CHOCOLAT**, par BOURGOIN D'ORLI. 1 volume. . . . . 4 fr.

CULTURE MARAICHÈRE (※*Manuel pratique de*). 6e édit., augmentée d'un grand nombre de figures et de plusieurs articles nouveaux. Ouvrage couronné d'une médaille d'or par la Société centrale d'agriculture, d'une grande médaille de vermeil par la Société centrale d'horticulture, par COURTOIS-GÉRARD. 1 volume avec 89 figures dans le texte. . . . . 4 fr.

Figure spécimen du *Guide de culture maraîchère.*

Outre les récompenses honorifiques qui viennent d'être mentionnées, l'auteur de ce manuel a obtenu une attestation qui garantit la valeur de son travail aux yeux du public, en même temps qu'elle constate l'exactitude de ses recherches et l'utilité des notions renfermées dans son ouvrage. Cette attestation émane de vingt-cinq jardiniers maraîchers de la ville de Paris qui, après avoir entendu la lecture du travail de M. Courtois-Gérard, déclarent qu'ils lui donnent toute leur approbation, comme étant conforme aux bonnes méthodes de culture en usage parmi eux, et autorisent l'auteur à le publier sous leur patronage.

Cet ouvrage est officiellement recommandé pour les écoles normales, etc. Cette nouvelle édition a été augmentée d'un chapitre sur la culture des porte-graines et d'un vocabulaire maraîcher.

Table des principaux chapitres :

Marais pour culture de pleine terre. — Marais pour culture de primeurs. — Analyse des terres. — De l'établissement d'un jardin maraîcher. — Engrais et pailles. — Outillage. — Diverses opérations. — La culture des porte-graines. — Destruction des insectes. — Des maladies des plantes. — Calendrier du maraîcher ou travaux manuels. — Vocabulaire du maraîcher.

D

DESSINATEUR (※ *Comment on devient un*), par VIOLLET-LE-DUC. 1 volume, orné de 110 dessins par l'auteur et d'un portrait de Viollet-le-Duc. 11e édition . . . . 4 fr.

EXTRAIT DE LA TABLE DES MATIÈRES. — Notables découvertes. — Comment il est reconnu que la géométrie s'applique à plusieurs choses. — Autres découvertes touchant la lumière et la géométrie descriptive. — Où on commence à voir. — Une leçon d'Anatomie comparée. — Opérations sur le terrain. — Cinq ans après. — Où une vocation se dessine. — Douze jours dans les Alpes. — Conclusion.

DESSIN LINÉAIRE (*Guide pratique pour l'étude du*) et de son application aux professions industrielles, par A. ORTOLAN, mécanicien chef de la marine de l'Etat, et J. MESTA, mécanicien principal. 1 volume avec un atlas de 41 planches doubles. Le volume, 4 fr.; l'atlas, 2 fr. — L'ouvrage complet . . . . 6 fr.

Cet ouvrage recommandable est aujourd'hui adopté dans plusieurs écoles industrielles; on le trouve dans tous les ateliers. Un dictionnaire des termes techniques lui sert d'introduction, ce qui a permis aux auteurs de donner dans le cours de leur travail des indications sur les détails, sans obliger l'élève à recourir au texte des premières leçons. C'est donc par la nomenclature des instruments indispensables à l'étude du dessin que les auteurs ont débuté, puis arrivant à l'application, ils donnent la définition des lignes géométriques : le point, la ligne droite, brisée, courbe ; arc de cercle, rayon ; les angles. — Tracé des parallèles et des perpendiculaires. — Construction des angles. — Figures géométriques. — Des triangles. — Des quadrilatères. — Tangentes et sécantes à la circonférence. — Angles inscrits et circonscrits à la circonférence. — Polygones réguliers, figures inscrites et circonscrites. — Définition et construction. — Mesure et divisions des lignes. — Mesure des angles. — Rapporteurs. — Des solides. — Du plan horizontal et du plan vertical, des projections, des croquis, de la vis. — Exécution d'un dessin d'après un croquis coté et sur une échelle de convention. — Exécution d'un dessin d'ensemble avec projection de coupe. — Des engrenages ou roues dentées. — De quelques courbes et de leur tracé. — Rédaction et copie d'un dessin. — Dessins ombrés au tire-ligne, du lavis, etc., etc.

DICTIONNAIRE DES FALSIFICATIONS (Voir Falsifications, page 34).

DICTIONNAIRE DU CONSTRUCTEUR (Voir Constructeur, page 26).

DICTIONNAIRE DES TERMES TECHNIQUES (Voir Termes techniques, page 58).

DICTIONNAIRE DES COSMÉTIQUES ET PARFUMS (Voir Parfumeur, page 50).

DOUANE (*Recueil abrégé des lois et règlements sur la*), son organisation, son personnel et ses brigades, par Eugène LELAY, capitaine des douanes. 1 volume. 4 fr.

TABLE DES MATIÈRES. — *Des Douanes et de leur organisation.* — *Attributions du personnel.* — *Service actif ou des brigades.* — *Lois générales relatives au personnel.*

DRAINAGE (*Guide pratique de*) : résultats d'observations et d'expériences pratiques, traduit pour l'usage des agriculteurs français par C. Hombourg, par C.-E. KIELMANN, directeur de l'École agricole de Haasenfelde. 1 volume avec figures dans le texte . . . . 2 fr.

La plupart des ouvrages publiés sur le drainage sont le résultat d'études théoriques que l'expérience n'a pas encore sanctionnées. M. Kielmann est entré dans une autre voie : il n'a eu recours à la théorie qu'autant que cela était nécessaire pour expliquer certains phénomènes. Comme il le dit dans sa préface, il voulait offrir à ceux qui commencent à s'occuper du drainage, et même au plus petit cultivateur, un livre à la lecture facile et surtout compréhensible.

Extrait de la table des matières. — Quels sont les terrains qui ont besoin d'être drainés. — De la fabrication des tuyaux, leur longueur, largeur et épaisseur. — Préparation d'une bonne matière pour la confection des tuyaux. — Machine à étirer les tuyaux, préparation de l'argile. — De la cuisson des tuyaux, des travaux préparatoires, nivellement des tranchées, circulation de l'air à travers les tuyaux. — De la quantité d'eau qui s'écoule par les drains, etc.

DROIT MARITIME INTERNATIONAL ET COMMERCIAL (*Notions pratiques de*), par Alph. DONEAUD, professeur à l'Ecole navale. *Aide-mémoire de l'officier de marine*, marine militaire et marine marchande. 1 volume. . . . . 3 fr.

Les derniers traités de commerce ont augmenté dans des proportions considérables les relations internationales. Cet ouvrage de M. Doneaud devient donc d'une grande utilité pratique. Nous ajouterons que ce livre commence une série de volumes dont l'ensemble formera, dans notre bibliothèque, l'*Aide-mémoire* de l'officier de marine.

Extrait de la table des matières. — De la mer et des fleuves. — Droit international en temps de paix. — Droit commercial. — Droit maritime international en temps de guerre. — Documents officiels. — Bibliographie des principaux ouvrages à consulter pour le droit des gens en général, le droit international maritime et le droit commercial.

DYNAMITE et **AGENTS EXPLOSIFS**. 1 volume. — **En préparation.** —

E

ÉCLAIRAGE ÉLECTRIQUE (*Manuel de montage des appareils d'*) par le baron von Gaisberg, traduit de l'allemand sur la seconde édition, par Charles Baye. 1 vol. avec 104 figures. 4me édition . . . . 2 fr.

Extrait de la table des matières. — Connaissances préliminaires. — Principes et lois. — Modes d'assemblage. — Installation des machines. — Machines magnéto et dynamo. — Dynamos à courant continu : divers modes de disposition. — Montage et entretien des machines dynamo. — Lampes à arc, mécanisme, assemblage, régulateurs, manipulations, charbons, etc. — Lampes à incandescence : Tension nécessaire, disposition sur le circuit, monture, suspensions, etc. — Appareils auxiliaires. — Conducteurs accumulateurs. — Transport de la force. — Galvanoplastie. — Appendice.

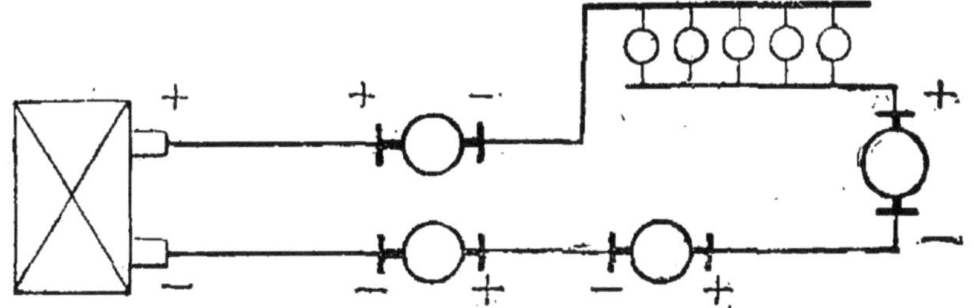

Figure spécimen du *Manuel de montage des appareils d'Éclairage électrique.*

ÉCOLES DE FRANCE (*Les grandes*), par Mortimer d'Ocagne. Nouvelle édition.

Services de l'État. 1 vol. . . . . 4 fr.

Carrières civiles. 1 vol. . . . . 4 fr.

Historique des Écoles. — Examens d'entrée. — Durée des études. — Prix de la pension. — Régime intérieur. — Examens de sortie. — Carrières ouvertes.

ÉCONOMIE DOMESTIQUE (*Guide pratique d'*), publié sous forme de dictionnaire, contenant des notions d'une *application journalière :* chauffage, éclairage, blanchissage, dégraissage, préparation et conservation des substances alimentaires, boissons, liqueurs de toutes sortes, cosmétiques, hygiène, par le docteur B. Lunel. 1 vol. 2 fr.

ÉCURIES et **ÉTABLES** (Voir Habitations des animaux, page 37).

ÉLECTRICIEN *(L'Ingénieur)*. Guide pratique de la construction et du montage de tous les appareils électriques à l'usage des amateurs, ouvriers et contremaîtres électriciens, par H. de GRAFFIGNY. 1 vol. illust. de 109 fig. 4 fr.

Extrait de la table des matières. — Première partie. — Histoire de l'électricité. — Producteurs chimiques d'électricité. — Piles. — Accumulateurs. — Producteurs mécaniques d'électricité. — Machines électriques. — Unités et mesures, appareils et étalons électriques. — Moteurs pour la production de l'électricité. — Câbles et conducteurs.

Deuxième partie. — Histoire de la lumière électrique. — Constructions et installations de lampes électriques. — Force motrice, sonneries et allumoirs électriques. — Electro-chimie et électro-métallurgie. — Télégraphie électrique. — La téléphonie.

Troisième partie. — Récréations électriques. — La maison d'un électricien. — Applications domestiques. — Procédés et recettes utiles, secrets d'atelier. — Revue générale et conclusion.

ÉLECTRICIEN *(Guide pratique de l'ouvrier)*. 1 volume. — **En préparation.** —

ÉLECTRICITÉ *(Leçons élémentaires d')* ou exposition concise des principes généraux de l'ÉLECTRICITÉ ET DE SES APPLICATIONS, par SNOW-HARRIS, annotées et traduites par E. GARNAULT, professeur de physique à l'École navale. 1 volume avec 72 figures dans le texte . . . . 3 fr.

Les leçons de M. Snow-Harris ont eu un grand succès en Angleterre. L'auteur s'est surtout attaché à donner des idées saines, pratiques et théoriques sur les principes généraux de l'électricité et les faits les plus simples qu'il démontre à l'aide d'expériences faciles à répéter.

Le traducteur, qui est lui-même un professeur distingué, a ajouté à l'ouvrage anglais des notes dans lesquelles il donne surtout des aperçus sur les principales applications de l'électricité dans l'industrie.

ENGRENAGES *(Traité pratique du tracé et de la construction des)*, de la vis sans fin et des cames, par F.-G. DINÉE, mécanicien de la marine, ex-élève de l'École des arts et métiers de Châlons-sur-Marne. 1 vol. et 17 pl. 3 50

Ce livre répond à un besoin, car depuis longtemps il manquait à toute bibliothèque industrielle ; c'est une œuvre de mécanique véritablement pratique.

Il se divise en trois chapitres :

1° Des courbes en usage dans la construction des engrenages ; 2° dimensions des détails et de l'ensemble des engrenages ; 3° tracé des engrenages, des vis sans fin, des cames.

ENTOMOLOGIE AGRICOLE *(Guide pratique d')*, et petit traité de la destruction des insectes nuisibles, par H. GOBIN. 1 volume orné de 42 figures, 2e édit. 4 fr.

Ce traité, d'une lecture attrayante, possède un grand fonds de science. Il se compose de lettres familières adressées à un nouveau propriétaire rural. Tous les insectes qui s'attaquent aux champs et à leurs produits et aux animaux y sont passés en revue, et, ce qui est mieux encore, l'auteur a indiqué le moyen de se débarrasser de cette engeance envahissante. Le livre est terminé par des nomenclatures scientifiques avec les noms français.

ENTREPRISES COMMERCIALES (*Manuel des*). 1 volume. — **En préparation.** —

ÉPICERIE (*Guide pratique de l'*), ou Dictionnaire des denrées indigènes et exotiques, comprenant : l'étude, la description des objets consommables ; les moyens de constater leurs qualités, leur nature, leur valeur réelle ; les procédés de préparation, d'amélioration et de conservation des denrées, etc. ; contenant, en outre, la fabrication des liqueurs, le collage des vins, et enfin les procédés de fabrication d'une foule de produits que l'on peut ajouter au commerce de l'épicerie, par le docteur B. LUNEL. 1 volume. 3 fr.

Le commerce de l'épicerie et des denrées indigènes et exotiques d'un usage journalier est l'un des plus importants et des plus utiles pour la société. Il était regrettable que cette branche si étendue du commerce n'ait pas encore son livre spécial. Sans doute on trouve dans nombre d'ouvrages l'histoire des denrées indigènes et exotiques. Réunir sous forme de dictionnaire toutes ces données éparses, afin de faciliter les renseignements, tel a été le but que s'est proposé le docteur Lunel en publiant son livre sur l'épicerie.

ETHNOGRAPHIE (✳ *Manuel pratique d'*), ou description des races humaines ; les différents peuples, leurs caractères naturels, leurs caractères sociaux, divisions et subdivisions des différentes races humaines, par J. D'OMALLIUS D'HALLOY. 5e édition. 1 volume avec une planche représentant les principaux types . . . . . 4 fr.

Extrait de la table des matières. — De l'ethnographie en général. — De la race blanche. — Du rameau européen, du rameau arménien, du rameau scytique. — De la race brune, du rameau éthiopien, du rameau indou, du rameau indochinois, du rameau malais. — De la race rouge, du rameau hyperboréen, du rameau mongol, du rameau sinique. — De la race noire. — Des hybrides. — Tableaux de la division du genre humain en races, rameaux, familles et peuples.

EXPROPRIÉS POUR CAUSE D'UTILITÉ PUBLIQUE (*Manuel pratique et juridique des*), suivi de deux tableaux donnant le chiffre de la valeur du mètre de terrain dans Paris, et faisant connaître les principales indemnités accordées aux industriels, négociants et commerçants expropriés, par Victor ÉMION, avocat à la Cour de Paris, ancien sous-préfet. 1 volume . . . . 1 fr.

F

FALSIFICATIONS (*Guide pratique pour reconnaître les*), ou Dictionnaire des falsifications des substances alimentaires (aliments et boissons), contenant : la description de *l'état naturel ou normal des substances alimentaires* et leur *composition chimique*, les moyens de constater leur nature, leur valeur réelle ; les altérations spontanées, accidentelles, qu'elles peuvent subir, et les moyens de les prévenir ; les altérations et falsifications qui les dénaturent, c'est-à-dire qui en modifient l'aspect, la saveur, les propriétés nutritives, et qui les rendent souvent dangereuses ; enfin les moyens chimiques de rendre sensibles les altérations, falsifications et contrefaçons des diverses substances alimentaires, par le docteur LUNEL. 3e édit. 1 volume. 4 fr.

FÉCULIER et de l'**AMIDONNIER** (*Guide pratique du*), suivi de la conversion de la fécule et de l'amidon en dextrine sèche et liquide, en sirop de glucose, sirop de froment, sirop impondérable ; en sucre de raisin, sucre massé, sucre granulé et cassonade, en vin, bière, cidre, alcool et vinaigre, ainsi que leur application dans beaucoup d'autres industries, par L.-F. DUBIEF. 3e édition. 1 volume avec gravures dans le texte . . . . 4 fr.

Extrait de la table des matières. — Première partie. — Aperçu historique. — Des substances qui contiennent la fécule. — Composition et conservation de la pomme de terre. — Extraction de la fécule. — Lavage, râpage, tamisage, épuration, séchage, blutage. — Des résidus de la pomme de terre. — Du blanchiment de la fécule. — Rendement de la pomme de terre en fécule. — Conservation, vente et falsification. — Caractères et propriétés de la fécule.

Dans la deuxième partie, l'auteur donne la description des procédés à suivre pour fabriquer les amidons.

La troisième et dernière partie vient compléter les deux premières par les renseignements les plus récents.

Dans cet ouvrage, l'auteur s'est appliqué à dégager son texte de toute gêne scientifique ; il a été clair et précis pour mettre son enseignement à la portée de toutes les instructions. Pour chaque sujet, il est entré dans des développements minutieux en indiquant souvent ces tours de mains si indispensables, et que seule, la pratique ordinairement peut apprendre.

FER (*Le*). *Guide pratique du métallurgiste*, son histoire, ses propriétés et ses différents procédés de fabrication, par William FAIRBAIRN, ingénieur civil, membre de la Société royale de Londres, correspondant de l'Institut de France, etc., ouvrage traduit de l'anglais, avec l'approbation de l'auteur, et augmenté de notes et d'un appendice, par M. Gustave MAURICE, ingénieur civil des mines. 1 volume avec 68 figures dans le texte . . . . 4 fr.

Depuis longtemps, le nom de M. Fairbairn fait autorité dans l'industrie du fer. Après avoir tracé l'histoire des progrès de la fabrication du fer, l'auteur donne les analyses des minerais et des combustibles dans leurs rapports avec les résultats des différents procédés de fabrication. M. Maurice a complété sa traduction par des notes et un appendice. Il a éliminé tout ce que le texte original pouvait présenter de trop exclusivement rédigé en vue de la métallurgie anglaise.

Extrait de la table des matières. — Histoire de la fabrication du fer. — Les minerais des différentes parties du monde. — Les combustibles : charbon de bois, tourbe, coke, houille. — Production des combustibles dans le monde entier. — Réduction des minerais. — Transformation de la fonte en fer. — Des machines employées pour forger le fer. — La forge. — Le procédé Bessemer. — Fabrication de l'acier. — Trempe et recuite de l'acier. — De la résistance et des autres propriétés mécaniques de la fonte, du fer et de l'acier. — Composition chimique de la fonte. — Statistique de l'industrie sidérurgique, etc.

FERMENTS ET FERMENTATIONS. *Travailleurs et malfaiteurs microscopiques*, par I.-A. REY. 1 volume avec figures . . . . 4 fr.

Microbes de l'eau.

Extrait de la table des matières. — Fermentation alcoolique. — Saccharomyces. — Le vin, la bière, le pain, l'alcool de grain, boissons fermentées. — Ferments des maladies du vin. — Fermentations par oxydation, lactique, caséique, putrides, butyrique. — Microbes des maladies contagieuses. — Microbes coloristes.

G

GÉOGRAPHIE (*Traité de*) physique, ethnographique et historique à l'usage des artistes, des écoles d'architecture et des gens du monde, par O. LESCURE, professeur à l'École centrale d'architecture. 1 volume. 3 fr.

Ce traité est le développement du programme de géographie sur lequel sont interrogés les candidats à l'École spéciale d'architecture.

GÉOLOGUE (*Manuel du*), par DANA, traduit et adapté de l'anglais par W. HOUTLET. 1 volume avec 363 figures. 2e édition. . . . . 4 fr.

TABLE DES MATIÈRES. — *Introduction.* — *Géologie physiographique.* — Traits généraux de la surface terrestre. — Système des formes terrestres. — *Géologie lithologique.* — Constitution des roches. — Condition et structure des masses rocheuses. — Règne animal. — Règne végétal. — *Géologie historique.* — Age archéen. — Temps paléozoïque. — Temps mésozoïque. — Temps cénozoïque — Ere de l'intelligence. — *Observations générales sur l'histoire géologique.* — Durée des temps géologiques. — Progrès de la vie. — *Géologie dynamique.* — Vie. — Atmosphère. — Eau. — Chaleur. — Mouvements dans la croûte terrestre et leurs conséquences. — *Appendice.* — Instruments de géologie. — Échantillons.

Gravure spécimen du *Manuel du Géologue.*

GÉOMÈTRE ARPENTEUR (*Guide pratique du*), comprenant l'arpentage, le nivellement, le levé des plans et le partage des propriétés agricoles, avec un appendice sur le calcul des solides; 3e édition, entièrement refondue, par P.-G. GUY, ancien élève de l'Ecole polytechnique, officier d'artillerie. 1 volume avec 183 figures. . . . 4 fr.

L'auteur, en publiant cet ouvrage, a eu pour intention d'en faire un *vade-mecum* utile aux ingénieurs, aux conducteurs des ponts et chaussées, aux agents voyers, géomètres, arpenteurs, etc. Son format portatif permet de pouvoir le consulter sur le terrain ; il est un abrégé d'un grand nombre d'ouvrages encombrants, dont il présente toutes les données nécessaires pour connaître et vérifier la contenance des pièces de terre et pour en construire un plan exact.

GÉOMÉTRIE ÉLÉMENTAIRE (*Leçons de*), par Ch. Rozan, professeur de mathématiques. 1 volume avec un atlas de 31 planches doubles. Le volume, 4 fr.; l'atlas, 2 fr.; l'ouvrage complet. . . . . 6 fr.

En résumant les principes essentiels de la géométrie élémentaire, ceux qui conduisent directement à la mesure des lignes, des surfaces et des corps, l'auteur s'est attaché surtout à faire sentir la liaison qui existe entre ces principes, la manière dont ils découlent les uns des autres par un enchaînement continuel de déductions et de conséquences. Il s'est donc attaché à couper le discours aussi peu que possible, et à dire d'une seule traite tout ce qui se rattache à un même ordre de questions. Il le dit très brièvement, pour ne pas fatiguer l'attention ou faire perdre de vue le point de départ; cette rapidité des démonstrations n'a cependant rien ôté à leur clarté.

H

HABITATIONS DES ANIMAUX (⁂ *Guide pratique pour le bon aménagement des*), par E. Gayot, membre de la Société centrale d'Agriculture de France. Cet ouvrage se compose de 2 parties.

1re partie : ⁂ les **ÉCURIES ET LES ÉTABLES**. 1 volume avec 63 figures. . . . . 3 fr.

2e partie : ⁂ les **BERGERIES ET LES PORCHERIES**, les habitations des animaux de la basse-cour, clapiers, oiselleries et colombiers. 1 volume avec 65 figures . . . 3 fr.

Aucun animal ne saurait être développé dans ses facultés natives, dans ses aptitudes propres, et produire activement dans le sens de ces dernières, si on ne le place dans les meilleures conditions d'alimentation, de logement, de multiplication. M. Gayot, avec l'autorité d'une longue expérience, a réuni dans ces deux volumes les conditions générales d'établissements et les dispositions particulières aux diverses espèces d'animaux.

1re partie. — **Écuries et Étables.** *Extrait de la table des matières.* — Le sujet à vol d'oiseau. — Des effets de l'air pur et de l'air vicié sur l'économie animale. — L'aération : les portes et fenêtres, barbacanes et ventilateurs. *Dispositions particulières aux diverses espèces* : les dimensions intérieures, encore les portes et fenêtres, de l'aire des écuries, le plancher supérieur des écuries arrangement intérieur et ameublement des écuries, les séparations, les boxes, établissements spéciaux, la température des écuries. *Les étables de l'espèce bovine* : l'aération, l'aire des étables, les dimensions et l'aménagement intérieurs, les boxes, règle d'hygiène générale, établissements spéciaux.

2e partie. — **Les Bergeries** : de l'habitation en plein air, le parc des champs, le parc domestique, les abris brise-vent. — De l'habitation couverte : conditions particulières à l'établissement des bergeries, les portes et fenêtres, l'aération, les bâtiments, les aménagements intérieurs, auges et râteliers. — La Porcherie : les conditions spéciales, la construction, les portes et fenêtres, les aménagements essentiels, les auges, dispositions particulières de l'ensemble. — *Les habitations de la basse-cour* : l'habitation du dindon, l'habitation de l'oie, la demeure du canard, le colombier et la volière, la faisanderie, etc., etc.

HERBORISEUR (✻ *Manuel de l'*). Comment on devient botaniste. — Clefs analytiques. — Description des genres et des espèces, suivie d'un vocabulaire. par E. GRIMARD. 6e édition. 1 volume . . . . 4 fr.

HYDRAULIQUE ET D'HYDROLOGIE souterraine et superficielle (*Guide pratique d'*), ou traité de la science des sources, de la création des fontaines, de la captation et de l'aménagement des eaux pour tous les besoins agricoles et industriels, par LAFFINEUR. 1 volume avec figures . . . . 3 fr. 50

HYDRAULIQUE URBAINE ET AGRICOLE (*Guide pratique d'*). LAFFINEUR, ingénieur civil. 1 volume. — Epuisé. —

HYGIÈNE ET DE MÉDECINE USUELLE (*Guide pratique d'*), complété par le traitement du *choléra épidémique*, par Victor LUNEL. 1 volume . . . . . . 2 fr.

Ce livre ne s'adresse à aucune spécialité de lecteurs et convient à tout le monde. Il se subdivise en hygiène privée et en hygiène publique.

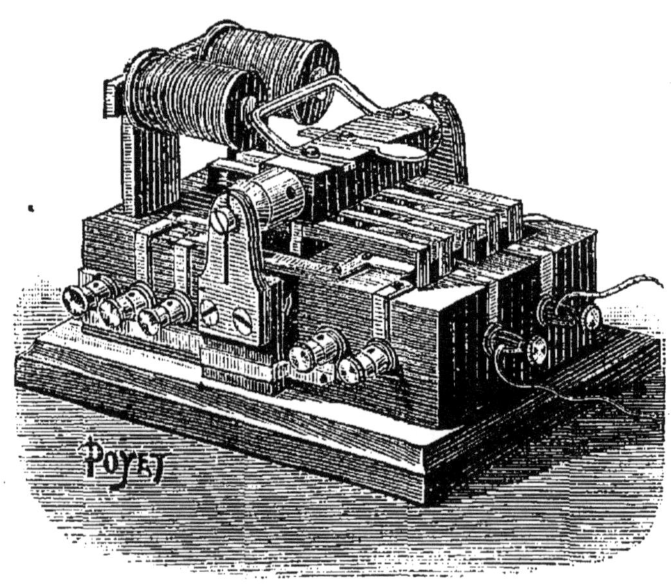

Figure spécimen de *L'Ingénieur électricien*. (Voir page 39.)

I

INGÉNIEUR AGRICOLE (*Guide pratique de l'*). Hydraulique, dessèchement, drainage, irrigation, etc.; suivi d'un appendice contenant les lois, décrets, règlements et instructions ministérielles qui régissent ces matières, etc., par Jules LAFFINEUR, ingénieur civil et agronome, membre de plusieurs sociétés savantes. 1 volume avec figures et 3 planches. . . . . 3 fr.

Extrait de la table. — Classification des terrains. — Travaux de dessèchement, évaporation, infiltration. — Jaugeage des sources, des ruisseaux et rivières. — Tracé des canaux. — Description des procédés de dessèchement, colmatage, limonage, du drainage. — *Irrigation, établissement d'un système d'irrigation.* — Murs de soutènement des canaux, revêtements, radiers, déversoirs, barrage, siphon. — Des diverses méthodes d'arrosage. — Mise en culture des terrains à grandes pentes. — Jurisprudence rurale.

INGÉNIEUR ÉLECTRICIEN (Voir Électricien, page 32).

INTRODUCTION A L'ÉTUDE DES BEAUX-ARTS, par CARTERON. 1 volume. — **En préparation.**

EXTRAIT DE LA TABLE DES MATIÈRES : *La Peinture.* — Étude pratique et raisonnée du dessin.

Genres différents de la Peinture. — Peinture d'histoire et peinture religieuse. — Peinture de genre. — Portrait. — Paysage.

Histoire de la Peinture et aperçu des différentes écoles. — *Sculpture et statuaire.* — *Histoire de la sculpture.* — *L'Architecture.* — *Les Artistes.*

INTRODUCTION A L'ÉTUDE DE LA CHIMIE (Voir Chimie, page 24).

INTRODUCTION A L'ÉTUDE DE LA PHYSIQUE (Voir Physique, page 51).

INVENTEURS en France et à l'Étranger (*Les droits des*). Conseils généraux. — Brevets d'invention. — Péremption. — Vente. — Licences. — Exploitation. — Géographie industrielle. — Marques de fabrique. — Dessins. — Objets d'utilité, par H. DUFRENÉ, ingénieur civil, ancien élève de l'École des arts et manufactures. 1 volume . . . . 3 fr.

J

JARDINAGE (※ *Manuel pratique de*), contenant la manière de cultiver soi-même un jardin ou d'en diriger la culture. 9e édition, par COURTOIS-GÉRARD, marchand grainier, horticulteur. 1 volume avec 1 planche et de nombreuses figures dans le texte . . . . 4 fr.

Gravure spécimen du *Manuel de jardinage.*

Nous renvoyons à la note accompagnant le *Manuel de culture maraîchère*, pour les titres de M. Courtois-Gérard, à la confiance publique. Dans le *Manuel du jardinier*, les jardiniers de profession trouveront des conseils, des détails nouveaux et des renseignements pratiques qu'ils peuvent ignorer; le propriétaire et l'amateur de jardin y puiseront des instructions précises et claires qui leur éviteront toute espèce de méprises et d'erreurs.

Sommaire des principaux chapitres :

Dispositions générales d'un jardin potager. — Calendrier. — Travaux de chaque mois. — Les outils. — Les défoncements. — Les fumiers. — Les arrosements. — Les couches. — Semis. — Repiquages. — Marcottes. — Boutures. — De la greffe. — De la conservation des plantes. — Les maladies des plantes potagères. — La culture des arbres fruitiers. — La culture des arbres d'agrément. — Destruction des animaux nuisibles, etc.

JOAILLIER (*Guide pratique du*), ou Traité complet des pierres précieuses, leur étude chimique et minéralogique, les moyens de les reconnaître sûrement, leur valeur approximative et raisonnée, leur emploi, la description des plus extraordinaires des chefs-d'œuvre anciens et modernes auxquels elles ont concouru, par CH. BARBOT, ancien joaillier, inventeur du procédé de décoloration du diamant brut, membre de plusieurs sociétés savantes. 1 vol. avec 3 planches renfermant 178 figures représentant les diamants les plus célèbres de l'Inde, du Brésil et de l'Europe, bruts et taillés, et les dimensions exactes des brillants et roses en rapport avec leur poids, depuis un carat jusqu'à cent carats. Nouvelle édition, revue, corrigée et annotée par CH. BAYE. 1 vol. . . . 4 fr.

L

LAINE peignée, cardée, peignée et cardée (*Traité pratique de la*), contenant : 1re *partie*, mécanique pratique, formules et calculs appliqués à la filature : 2e *partie*, filature de la laine peignée, cardée peignée, sur la Mull-Jenny ; 3e *partie*, filage anglais et français sur continu ; 4e *partie*, laine cardée, par Charles Leroux, ingénieur mécanicien, directeur de filature. 1 volume avec 32 figures dans le texte et 4 planches. . . . . 15 fr.

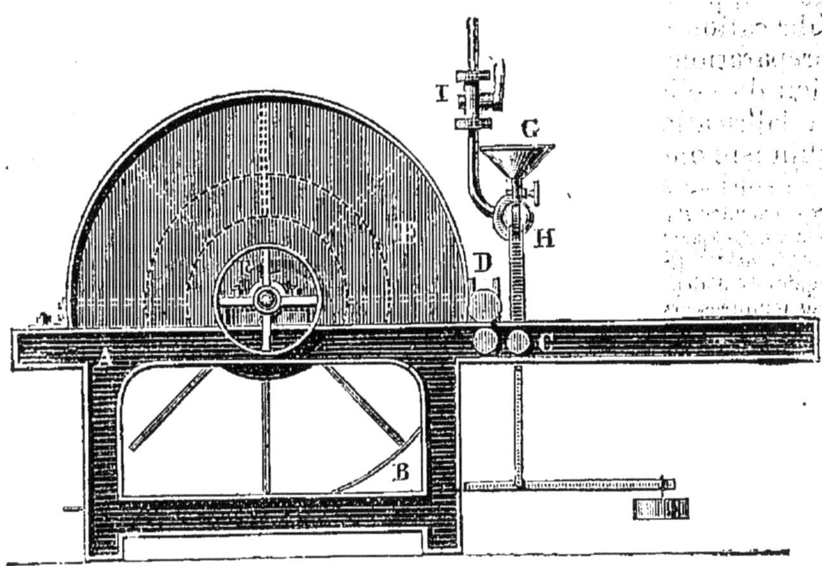

Figure spécimen du *Traité de la Laine*.

Extrait de la table des matières. — Choix d'un moteur. — Transmissions. — Arbres de couche. — Courroies. — Poulies. — Engrenages. — Frottements. — Force des moteurs. — Leviers. — Fabrication. — Triage des laines. — Caractères des laines. — Main-d'œuvre du triage. — Battage. — Nettoyage des laines. — Dessuintage. — Dégraissage. — Graissage des laines. — Disposition mécanique d'un assortiment de cardes. — Aiguisement des garnitures. — Bourrage des garnitures. — Cardages. — Passage au Gill-Box. — Lissage et dégraissage des rubans. — Peignage des laines. — Préparation des laines pour filage français. — Les différents passages. — Filage français sur Mull-Jenny.

LAPINS (✻ *Guide pratique de l'éducation des*), ou Traité de la race cuniculine, suivi de l'Art de mégisser leurs peaux et d'en confectionner des fourrures, par Mariot-Didieux. 3e édition. 1 volume . . . . . . 2 fr. 50

L'industrie de l'éducation de la race cuniculine est créée et elle marche vers le progrès. C'est dans le but de la voir se propager dans les campagnes que l'auteur a publié cette nouvelle édition de son *Guide pratique*, en l'enrichissant d'un grand nombre de données nouvelles. En résumé, l'auteur démontre qu'aucune viande ne peut être produite à aussi bon marché que celle du lapin. En terminant sa préface, il adjure les habitants des campagnes de se livrer à l'éducation des lapins, parce qu'ils y trouveront, sans beaucoup de soins, une source abondante de bien-être.

LÉGISLATION PRATIQUE (※ *Premiers principes de*), appliquée au Commerce, à l'Industrie et à l'Agriculture, par Maurice Block. 2e édit. 1 volume . . . 4 fr.

LIQUEURS (*Traité de la fabrication des*) françaises et étrangères, sans distillation. 6e édition, augmentée de développements plus étendus, de nouvelles recettes pour la fabrication des liqueurs, du kirsch, du rhum, du bitter. la préparation et la bonification des eaux-de-vie et l'imitation de celles de Cognac, de différentes provenances, de la fabrication des sirops, etc., etc., par L.-F. Dubief, chimiste œnologue. 1 volume. . . . . 4 fr.

Ce traité est formulé en termes clairs et familiers ; la personne la moins expérimentée dans l'art du distillateur, qui on lira attentivement les préceptes, pourra, sans aucun guide, devenir un bon fabricant après quelques essais.

Sommaire de quelques chapitres : — De la composition des liqueurs. — Quantités d'alcool, de sucre et d'eau, pour les différentes classes de liqueurs. — Des teintures aromatiques. — Des infusions. — De la coloration des liqueurs. — Du mélange. — Du perfectionnement des liqueurs par le tranchage. — Du collage des liqueurs. — De la filtration. — De la conservation des liqueurs. — Règle générale pour bien opérer la fabrication des liqueurs. — Considérations à observer. — Des spiritueux aromatiques non sucrés. — Emploi des écumes et des eaux provenant du lavage des filtres. — Formules et préparations des sirops. — De l'alcool. — Du coupage ou mouillage des alcools. — Des eaux-de-vie. — Opérations d'eaux-de-vie à tous les titres avec les alcools d'industrie. — Résumé pour les liqueurs, les eaux-de-vie et les alcools. — Appendice. — L'auteur termine cet ouvrage par une liste des principaux marchés des eaux-de-vie, esprits, etc.

LIQUORISTE DES DAMES (*Le*), ou l'art de préparer en quelques instants toutes sortes de liqueurs de table et des parfums de toilette avec toutes les fleurs cultivées dans les jardins, suivi de procédés très simples et expérimentés pour mettre les fruits à l'eau-de-vie, faire des liqueurs et des ratafias, des vins de dessert, mousseux et non mousseux, des sirops rafraîchissants, etc., par L.-F. Dubief. 1 volume avec figures dans le texte. 3 fr.

Ce que nous avons dit des autres ouvrages de M. Dubief nous dispense de nous étendre sur celui-ci. C'est aux dames qu'il est adressé, et l'accueil qu'il a obtenu prouve suffisamment combien il est utile dans toute bibliothèque de ménage.

M

⁂ **MAÇONNERIE** — Guide pratique du Constructeur — par A. Demanet, lieutenant-colonel honoraire du génie, membre de l'Académie royale de Belgique, etc. 1 volume avec tableaux, accompagné de 20 planches doubles renfermant 137 figures gravées sur acier (*épuisé*).

MAISON (⁂ *Comment on construit une*), par Viollet-le-Duc. 1 volume avec 62 dessins par l'auteur. 5e édition. . . . . 4 fr.

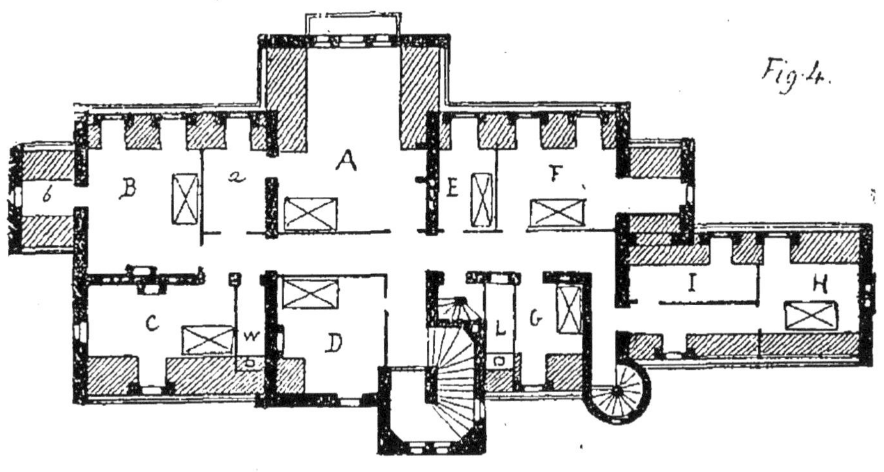

Gravure spécimen de *Comment on construit une maison.*

Extrait de la table des matières. — Plantations de la maison et opérations sur le terrain. — La construction en élévation. — La visite au chantier. — — L'étude des escaliers. — Ce que c'est que l'architecture. — Etudes théoriques. — La charpente. — La fumisterie. — La menuiserie. — La couverture et la plomberie. — L'inauguration de la maison.

MANGANÈSES (Voir Potasses, page 54).

MARCHANDISES (*La liberté et le courtage des*), par V. Emion. Commentaire pratique de la loi du 18 juillet 1866. — **Épuisé**. —

MARCHANDISES (Voir Exploitation des chemins de fer, page 23).

MARÉCHALERIE-FERRURE. 1 volume. — **En préparation.** —

MATIÈRES INDUSTRIELLES (*Guide pratique pour l'essai des*), d'un emploi courant dans les usines, les chemins de fer, les bâtiments, la marine, etc., à l'usage des ingénieurs, manufacturiers, architectes, officiers de marine, etc., par Jules GAUDRY, chef du laboratoire des essais au chemin de fer de l'Est. 1 volume avec 37 figures et nombreux tableaux . . . . 4 fr.

SOMMAIRE DES PRINCIPAUX CHAPITRES : PREMIÈRE PARTIE. — *Principes généraux de l'essai chimique.* — I. Composition et décomposition des corps. — II. Principes fondamentaux de l'analyse. — III. Manipulations chimiques. — IV. Marche de l'analyse. — DEUXIÈME PARTIE. — *Méthode d'essai des principales substances d'emploi courant.* — TROISIÈME PARTIE. *Tableaux :* Tableau A. Des principaux corps simples. — B. Division des bases en cinq groupes. — C. Division des acides en trois groupes. — D. Décomposition de l'eau par les métaux. — E. Analyse de l'eau. — F. États des incinérations. — G. Degré oléométrique des huiles. — H. Tableau comparatif des principaux métaux industriels. — Appareils divers pour les essais.

MÉCANICIEN (※ *Guide de l'ouvrier*), par J.-A. ORTOLAN, mécanicien en chef de la flotte, officier de la Légion d'honneur et de l'Instruction publique, avec la collaboration de MM. Bonnefoy, Cochez, Dinée, Gibert, Guipont, Juhel, anciens élèves des Écoles d'arts et métiers, quatrième édition, revue et notablement augmentée, comprenant 3 volumes et 62 planches. Chaque volume, séparément : 4 fr.; l'ouvrage complet . . . . 12 fr.

La Table sommaire des parties comprises dans chacun des volumes permet d'apprécier l'importance relative donnée aux questions présentées en vue de l'application immédiate.

Les nouvelles questions traitées dans cette quatrième édition concernent principalement les machines motrices admises par la pratique dans ces derniers temps; les combustibles usuels dont fait usage l'industrie moderne; les essais, la conduite, l'entretien des appareils mécaniques et des générateurs de vapeur, et les obligations des constructeurs et des propriétaires de ces appareils. Des Tables numériques pour la solution immédiate du calcul de certains mécanismes et du calcul des agents de force mécanique ont été ou étendus ou annexés aux parties spéciales.

SOMMAIRE DES TITRES DE LA DIVISION DES PARTIES.

Mécanique élémentaire. 1 vol. avec figures et 11 pl. 4 fr.

PREMIÈRE PARTIE. — *Arithmétique.* — Numération. — Premières règles. — Fractions. — Système décimal. — Carrés, cubes. — Racines carrées, racines cubiques. — Règles d'intérêt, de mélange et d'alliage. — *Algèbre pratique :* Équations algébriques. — Géométrie pratique. — Tracés géométriques. — Mesure et division des lignes et des angles. — Solides. — Mesures des surfaces et des volumes. — *Lignes trigonométriques.* — *Annexe :* Système métrique. —

DEUXIÈME PARTIE. — *Mécanique élémentaire, forces, frottements.* — Principe des machines. — Chute, poids, densité des corps. — Forces. — Composition des forces. — Centre de gravité. — Travail des forces et sa mesure. — Équilibre des machines simples. — Frottements et glissements. — Origine des forces produisant le mouvement dans les machines. — Des machines en général.

Mécanique de l'atelier. 1 vol. avec figures et 26 pl. 4 fr.

TROISIÈME PARTIE. — Transmissions et transformations de mouvement.

QUATRIÈME PARTIE. — *Résistance des Matériaux :* Effort de traction. — Effort de compression. — Force de flexion. — Résistance au cisaillement. — Résistance à la torsion. — Épaisseur des murs. — Pans de bois, planchers et combles.

CINQUIÈME PARTIE. — *Machines motrices à air et hydrauliques. Machines à presser*. — Moulins à vent. — Machines soufflantes. — Scieries. — Appareils et machines à élever l'eau. — Pompes élévatoires. — Machines motrices hydrauliques. — Roues à aubes planes, à aubes courbes. — Roues à augets. — Roues pendantes. — Turbines. — Roues à niveau constant. — Roues à admission intérieure. — Résultats pratiques des divers systèmes de roues hydrauliques. — Presses hydrauliques. — Pressoirs.

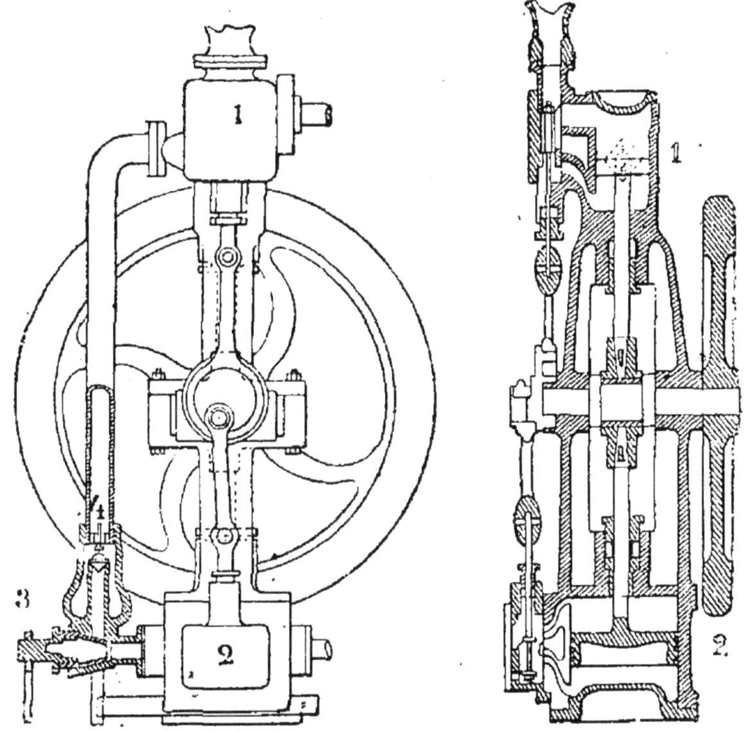

Figure spécimen du *Guide de l'Ouvrier mécanicien.*

Principes et pratique de la machine à vapeur. 1 vol. avec figures et 25 planches. . . . . 4 fr.

SIXIÈME PARTIE. — *Formation de la vapeur. Chaudières:* De la chaleur. — De la vapeur. — Condensation. — Chaudières à vapeur. — Dimensions. — Consommation d'eau et de combustible. — Données sur l'établissement des détails des chaudières.

SEPTIÈME PARTIE. — *Machines motrices à vapeur, à gaz :* Calcul de la puissance et dimensions des pièces principales des machines à vapeur. — Appréciation des divers systèmes de machines. — Principaux types de machines à vapeur admis dans la pratique de 1869 à 1887.

Annexes : Généralités sur les nouvelles chaudières à vapeur. — Principes élémentaires de la combustion. — Vocabulaire des éléments et des produits divers de la combustion. — Combustibles usuels. — Essais et mise en service des chaudières. — Essais des machines. — Matières employées au service des moteurs à vapeur. — Décret sur l'établissement des machines à vapeur.

MÉCANIQUE (*Introduction à l'étude de la*), par Louis Du Temple, capitaine de frégate en retraite. 1 volume. — **En préparation.** —

MÉDECINE USUELLE (Voir Hygiène et Médecine usuelle, page 38).

MÉTALLURGIE (*Guide pratique de*), ou exposition détaillée des divers procédés employés pour obtenir des métaux utiles, précédé du Dictionnaire des mots techniques employés en métallurgie et de l'essai de la préparation des minerais, par D. L., 1 volume avec 8 planches in-4 gravées sur cuivre comprenant plus de 100 figures . 4 fr.

Extrait de la table des matières : Définition et aperçu de l'histoire de la métallurgie. — Vocabulaire des mots techniques métallurgiques. — Première partie. — *De l'essai des minerais.* — Des essais mécaniques par la voie sèche, la voie humide, d'or, d'argent, de platine, de fer, de cuivre, de zinc, d'étain, de plomb, de plomb argentifère par la coupellation, de mercure, d'antimoine, d'arsenic, de bismuth. — Deuxième partie. — *De la préparation et du traitement des minerais.* — I. De la préparation des minerais; triage, criblage, bocardage, lavage, grillage. — II. Traitement métallurgique des minerais d'or, d'argent, de platine, de fer, de cuivre, de zinc, d'étain, de plomb, de mercure, antimoine, arsenic, bismuth, etc. — Préparation mécanique. — Amalgamation, etc., etc.

MÉTAUX ALCALINS (Voir Aluminium et Métaux alcalins, page 15).

MÉTÉOROLOGIE AGRICOLE (*Manuel de*) appliquée aux travaux des champs, à la physiologie végétale et à la prévision du temps, par F. Canu, météorologiste-publiciste et Albert Larbalétrier, diplomé de l'Ecole de Grignon, sous-directeur à la ferme-école de la Pilletière, 1 volume avec 3 figures et de nombreux tableaux. . 2 fr.

Extrait de la table des matières : *Notions préliminaires.* — *Chaleur :* Action de la chaleur sur le sol, échauffement, dessèchement, action de la chaleur sur la plante, évolution, action physique. — *Lumière :* Production de la chlorophylle, assimilation, transpiration, lumière du sol. — *Humidité de l'air.* — *Brouillard et rosée.* — *Pluie.* — *Froid.* — *Gelées.* — *La neige.* — *Vents.* — *Électricité.* — *Grêle.* — *Les éléments de l'air et le sédiment.* — *Instructions météorologiques.* — *Prévision du temps :* Prévision à longue et à courte échéance, prévisions des gelées nocturnes. — *Tableaux divers.*

MÉTIERS MANUELS (*Le livre des*), répertoire des procédés industriels, tours de main et ficelles d'atelier, recettes nouvelles et inédites, méthodes abréviatives de travail recueillies en vue de permettre aux amateurs, manufacturiers, ouvriers des petites villes et des campagnes d'exécuter aussi bien que les ouvriers spécialistes de Paris tous les travaux usuels d'une utilité journalière, par J.-P. Houzé. 1 volume avec 5 planches hors texte comprenant de nombreux dessins techniques . . . . . . 4 fr.

MINÉRALOGIE USUELLE (*Guide pratique de*). Exposition succincte et méthodique des minéraux, de leurs caractères, de leur composition chimique, de leurs gisements, de leur application aux arts et à l'industrie, par M. Drapiez. 1 volume . . . . 3 fr.

A la lucidité des définitions et à la simplicité de la méthode d'exposition, ce guide joint un mérite qui n'échappera pas aux hommes pratiques ; il contient la description des 1,500 espèces minérales dont il analyse les caractères distinctifs, la forme régulière et la forme irrégulière, les propriétés particulières, les compositions chimiques et les synonymies, les gisements, les applications dans les arts, dans l'industrie, etc.

MINÉRALOGIE APPLIQUÉE (*Guide pratique de*), histoire naturelle inorganique ou connaissance des combustibles minéraux, des pierres précieuses, des matériaux de construction, des argiles céramiques, des minerais manufacturiers et des laboratoires, des minerais de fer, de cuivre, de zinc, de plomb, d'étain, de mercure, d'argent, d'antimoine, d'or, de platine, etc., par A.-F. Noguès, professeur de sciences physiques et naturelles. 2 vol. avec 248 figures. Chaque volume, 4 fr.; l'ouvrage complet. 8 fr.

Cet ouvrage a été écrit principalement pour les personnes qui désirent acquérir des notions justes, pratiques et usuelles sur les minerais métallifères et les minéraux employés dans les arts et l'industrie. Les étudiants qui suivent les cours des Facultés, les élèves des Ecoles spéciales et industrielles, les ingénieurs, les élèves des Écoles des mines, les mineurs, les agriculteurs, les directeurs d'exploitations minières, les gardes-mines, les amateurs et les gens du monde qui voudront acquérir des connaissances pratiques en minéralogie, le consulteront avec fruit.

Ce guide a été conçu dans un esprit essentiellement pratique et industriel. M. Noguès, en publiant cet ouvrage, a voulu offrir au public le cours de minéralogie qu'il professe avec tant de succès à l'Ecole centrale des arts et manufactures de Lyon. — Nous ne donnons pas ici la table des matières contenues dans l'œuvre de M. Noguès, elle est trop considérable, mais nous indiquerons le titre des chapitres.

I. Définitions des termes et généralités. — II. Caractères géométriques des minéraux ou cristallogie. — Cristallogie comparée ou morphologie minérale. — Cristallogénie. — Caractères physiques, chimiques et géologiques des minéraux. — Classification des minéraux. — Description des espèces minérales. — Appendice au carbone. — Organolithes. — Classifications.

N

NATURALISTE (*Manuel du*). — Zoologie, par AGASSIZ et GOULD. Traduit par Élisée Reclus. 1 volume. — **En préparation.** —

O

OCTROIS (*Nouveau manuel des*), par E. LAFFOLAY, inspecteur de l'octroi en retraite. 1 volume avec tableaux . . . . 4 fr.

Observations concernant la rédaction des procès-verbaux. — Formulaire pour la rédaction des procès-verbaux les plus usuels en matière d'octroi, en matière de contributions indirectes et d'octroi et en matière de contributions indirectes inclusivement.

OFFICIER (*Comment on devient*), par Félix JUVEN, officier d'administration, adjoint du service des hôpitaux, licencié en droit, officier d'académie. 1 volume. . . 4 fr.

Historique du recrutement. — Les Écoles. — Officiers ne passant pas par les Écoles. — Ce que peut devenir un officier. — Officiers de la réserve et de l'armée territoriale. — Vie de l'officier. — Recrutement des officiers de marine.

OIES et **CANARDS** (*Guide pratique de l'éducation lucrative des*), par MARIOT-DIDIEUX, vétérinaire. 1 volume. . . . . 2 fr. 50

Les ouvrages de M. Mariot-Didieux sont au premier rang parmi ceux qui enrichissent notre bibliothèque. Aussi voulons-nous, pour en mieux faire ressortir le mérite, donner ici le sommaire des principaux chapitres.

1° *L'oie*. — Histoire naturelle. — Races françaises, petite race, grosse race et leurs variétés au nombre de cinq. Races étrangères; elles sont au nombre de douze. — Produits de l'oie, du plumage, de la multiplication, des accouplements, de la ponte, de l'incubation. — Éclosion, nourriture des oisons, nourriture ordinaire des oies. — Logement. — Engraissement. — Foies gras. — Manière de tuer les oies. — Commerce, vente, mégissage des peaux d'oies pour fourrures, — Maladies, hygiène.

2° *Du Canard.* — Histoire naturelle, mœurs. — Races françaises; elles sont au nombre de quatre. — Races étrangères; on en compte onze principales. — De la ponte. Manière d'augmenter la ponte. — De l'incubation naturelle. — Des canards mulets. — Nourriture et élevage des canetons, engraissement. — Vente des canetons. — Comment on doit tuer le canard. — Du plumage. — Habitation. — Maladies. — Hygiène, etc.

OSTRÉICULTEUR (*Guide pratique de l'*), ou Culture des huîtres et procédés d'élevage et de multiplication des races marines comestibles, histoire naturelle des mollusques et des crustacés. — Causes du dépeuplement progressif des bancs d'huîtres. — Industrie et procédés actuels. — Construction des claires, parcs, viviers, etc. — Exploitation des claires. — Culture des moules. — Élevage des homards, langoustes, etc., par Félix Fraiche, professeur de sciences mathématiques et naturelles. 1 volume avec figures dans le texte . . . . 3 fr.

Figure spécimen du *Guide de l'Ostréiculteur*.

Les chemins de fer et la navigation, en diminuant les distances, ont créé pour les races marines comestibles des débouchés qui leur avaient manqué jusqu'alors. De là et d'autres causes que M. Fraiche indique, l'appauvrissement des bancs d'huîtres. L'auteur, qui s'est inspiré des travaux de M. Coste, démontre que l'ostréiculture est une industrie facile à créer et à développer, et qui donne des résultats rémunérateurs à ceux qui savent l'exploiter.

OUVRIER MÉCANICIEN (*Guide de l'*), par J. A. Ortolan (voir Mécanicien, page 44).

PAPIER et du **CARTON** (*Guide pratique de la fabrication du*), par A. Prouteaux, ingénieur civil, ancien élève de l'École centrale des arts et manufactures, ancien directeur de papeterie. Nouvelle édit. 1 volume avec 8 planches. 4 fr.

Extrait de la table des matières. — Historique. — Matières premières. — *Fabrication* : triage, délissage, blutage, lavage et lessivage, défilage, égouttage, blanchiment, raffinage, collage, matières colorantes, travail de la machine à papier, de l'apprêt. — Fabrication du papier à la cuve ou à la main. — Classification des papiers. — Diverses substances propres à la fabrication du papier. — Papier de paille, papier de bois, papier d'alfa. — Papiers spéciaux. — Analyse chimique des matières employées en papeterie. — Matériel d'une papeterie. — Prix de revient, personnel, administration d'une papeterie. — Fabrication du carton. — Fabrication du papier en Chine et au Japon. — Considérations économiques. — Principaux brevets d'invention français relatifs à l'industrie du papier. — Prix des appareils et des principales matières employées en papeterie.

PARFUMEUR (*Guide pratique du*), dictionnaire raisonné des **cosmétiques et parfums**, contenant : la description des substances employées en parfumerie, les altérations ou falsifications qui peuvent les dénaturer, etc., les formules de plus de 500 préparations cosmétiques, huiles parfumées, poudres dentifrices dilatoires, eaux diverses, extraits, eaux distillées, essences, teintures, infusions, esprits aromatiques, vinaigres et savons de toilette, pastilles, crèmes, etc., par le docteur B. Lunel. 1 volume rédigé sous forme de dictionnaire avec un appendice. . . . . 4 fr.

La parfumerie est une industrie qui, bien comprise et loyalement faite, se rattache d'un côté à l'hygiène et de l'autre est destinée à satisfaire des goûts et des sensations commandées par le luxe et une civilisation plus ou moins avancée.

M. Lunel divise la fabrication en trois classes : fabrique de parfumerie à bon marché, fabrique dont les produits sont coûteux, et enfin les fabriques mixtes, dans les vastes magasins desquelles ont trouve aussi bien les produits ordinaires que les produits extra-fins.

M. Lunel donne des renseignements précieux sur toutes ces préparations, et son livre a cela de précieux qu'il donne toutes les formules et les secrets de la fabrication.

PERSPECTIVE (*Théorie pratique de la*). Étude à l'usage des artistes peintres, des élèves des Écoles des beaux-arts, des Écoles industrielles, etc., par V. Pellegrin, peintre. 1 volume avec 42 figures et 1 planche de 16 figures. . . . . 2 fr.

PHYSIQUE (* *Introduction à l'étude de la*), par Louis Du Temple, capitaine de frégate en retraite. 1 volume avec 146 figures, 2e édition . . . . 4 fr.

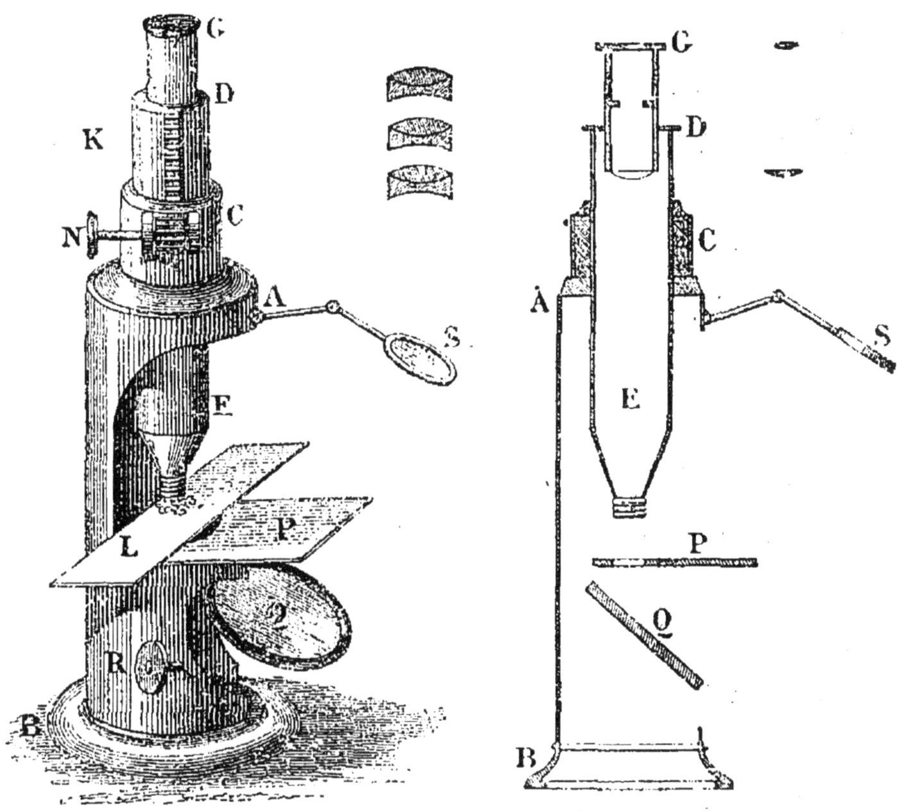

Figure spécimen de l'*Introduction à l'Étude de la physique.*

Sommaire des principaux chapitres : *Quelques définitions de chimie* : Éléments qui entrent dans la composition des corps. — Nomenclature chimique. — *Introduction.* — *La Force* : Pesanteur. — Actions moléculaires. — *Calorique et Chaleur* : Température. — Mode de propagation de la chaleur. — Changement d'état des corps par la chaleur. — *Lumière.* — Réflexion de la lumière. — Réfraction. — Décomposition et recomposition de la lumière. — Applications diverses des phénomènes de la lumière. — Lunettes. — *Sons.* — Propagation. — Réflexion. — Vibration. — *Électricité.* — *Électro-Magnétisme.* — *Electro-Chimie.*

PHOTOGRAPHIE (*L'étudiant*), traité pratique de photographie à l'usage des amateurs, avec les procédés de

MM. Civiale, Bacot, Cavelier, Robert, par A. CHEVALIER. 1 volume avec 68 figures . . . . 3 fr.

Ce livre est un manuel simplifié de photographie. Il sera utile à tous ceux qui voudront s'occuper des moyens de reproduire la nature à l'aide de la lumière. Comme son titre l'indique, c'est le livre de l'étudiant, et certes nous n'avons, en le livrant à la publicité, qu'un seul désir, celui d'être utile. Nous sommes sûrs des procédés indiqués, car nous avons dû expérimenter nous-mêmes celui relatif au collodion humide.

PIERRES PRÉCIEUSES (Voir Joaillier, page 40).

PISCICULTURE et **AQUICULTURE FLUVIALES** (*Manuel de*), appliqué au repeuplement des cours d'eau et à l'élevage en eaux fermées, par Albert LARBALÉTRIER, diplômé de l'École d'agriculture de Grignon, ancien élève libre de l'Institut national agronomique, ex-professeur de pisciculture, etc., 1 volume avec figures et tableaux. . . . . 4 fr.

EXTRAIT DE LA TABLE DES MATIÈRES. — *Pisciculture d'eau douce.* — Notions préliminaires. — PREMIÈRE PARTIE : *Les Poissons.* — Considérations générales. — Organisation des poissons. — Classification des poissons. — Description des ordres de poissons. — Nature des eaux douces. — Description, mœurs et genre de vie des principales espèces de poissons. — DEUXIÈME PARTIE : *Les procédés de multiplication et d'élevage.* — La Pisciculture naturelle : les Étangs, aménagement des cours d'eau. — La Pisciculture artificielle : Acclimatation des poissons, Fécondations artificielles, Incubation et éclosion, Alevinage et élevage, transport des œufs et des poissons, Frayères artificielles, Ennemis des Poissons. — TROISIÈME PARTIE : *Pêche en eau douce et législation.* — Pêche à la ligne, Pêche au filet. — Législation : Lois et règlements, Historique et considérations générales. — QUATRIÈME PARTIE : *Culture spéciale des Crustacés et Annélides d'eau douce.* — Écrevisses, Sangsues.

PLANTES FOURRAGÈRES (*Guide pratique pour la culture des*), par A. GOBIN, ancien élève de l'École de Grand-Jouan, ancien directeur de la colonie pénitentiaire du Val-d'Yèvres (Cher). 1 volume avec de nombreuses figures. . . . . 4 fr.

Première partie. — **PRAIRIES NATURELLES, PATURAGES.**

Figure spécimen du *Guide pratique pour la culture des Plantes fourragères.*

Deuxième partie.—**PRAIRIES ARTIFICIELLES, PLANTES, RACINES.**

Figure spécimen du *Guide pratique pour la culture des Plantes fourragères.*

Les fourrages sont la base de toute culture, et il est admis aujourd'hui, par tous les agriculteurs intelligents, que pour avoir du blé il faut faire des prés. M. Gobin, guidé par sa grande expérience, a voulu rédiger un guide tout pratique indiquant tout ce qui doit être observé pour obtenir les meilleurs résultats et éviter les dépenses inutiles : mais, comme il le dit dans sa préface, si le titre même de son livre lui a fait une loi de se restreindre à la culture des plantes fourragères et de s'abstenir de considérations scientifiques inutiles au but qu'il poursuit, il ne s'est pas interdit les applications pratiques des sciences, en tant qu'elles se rapportent à l'explication des phénomènes ou à l'amélioration des méthodes de culture. « C'est là, en effet, dit-il, ce que nous entendons par la pratique, et non point seulement la routine manuelle, qui consiste à savoir tenir les mancherons de la charrue, charger une voiture de gerbes ou manier la faux, celle-ci suffit à un ouvrier, celle-là est nécessaire au moindre cultivateur intelligent. »

Ce guide peut être considéré comme le résumé des leçons professées avec tant de succès par M. Gobin à l'*Ecole de Grignon.*

PONTS ET CHAUSSÉES et de l'Agent voyer (*Guide pratique du Conducteur des*). Principes de l'art de l'ingénieur, comprenant : plans et nivellements, routes et chemins, ponts et aqueducs, travaux de construction en général et devis, par F. Birot, ingénieur civil, ancien conducteur des ponts et chaussées. 4e édition, revue et augmentée.

Première partie. — **ROUTES.** — 1 vol. accompagné de 12 planches doubles, contenant 99 figures. . . . . . 4 fr.

Deuxième partie. — **PONTS.** — 1 vol. accompagné de 8 planches doubles, contenant 44 figures. . . . . . . 4 fr.

Nous allons donner un extrait de la table des matières de ces volumes, devenus le *vade-mecum* des agents des ponts et chaussées.

Première partie. — *Chap. Ier.* — Tracé et mesure des lignes. Arpentage proprement dit. Mesure des angles. Levé à l'échelle. Instruments. — *Chap. II.*

Objets du nivellement. Niveaux de différents systèmes. Stadia. — *Chap. III.* Classification des routes. Projets. De la forme générale des routes. Tracé des courbes. Tables diverses. — *Chap. IV.* Construction des chaussées. Entretien des routes. Déblais et remblais.

Deuxième partie. — *Chap. I.* Ponts et aqueducs. Ponceaux. Murs de soutènement. Parapets. Voûtes biaises. Sondages. Pieux. Pilotis. Palplanches. Enrochements. — *Chap. II.* Des cintres et des ponts en charpente. — *Chap. III.* Études des matériaux employés dans les constructions. — *Chap. IV.* Du métrage et du devis. Avant-métré d'un aqueduc, d'un ponceau, etc.

L'auteur a terminé par le programme d'admission pour l'emploi de conducteur.

PORCHERIES (Voir Habitations des animaux, page 37).

POTASSES (*Guide pratique pour reconnaître et pour déterminer le titre véritable et la valeur commerciale des*), des **SOUDES**, des **CENDRES**, des **ACIDES** et des **MANGANÈSES**, avec neuf tables de déterminations, traduit de l'allemand par le docteur G.-W. BICHON, ancien élève de M. Liebig. Nouvelle édition, augmentée de notes, tables et documents. par R. FRÉSÉNIUS et le Dr WILL. 1 vol. avec figures. 2 fr.

Le livre de MM. Frésénius et Will est le résultat des recherches de ces deux savants chimistes étrangers ; c'est avec beaucoup de succès qu'ils sont parvenus à perfectionner les méthodes d'essais relatifs aux potasses, soudes, acides et manganèses.

POUDRES ET SALPÊTRES (*Guide pratique de la fabrication des*), avec un appendice par le major STEERK sur les *feux d'artifice*, par M. SPILT. 1 volume. . . . 4 fr.

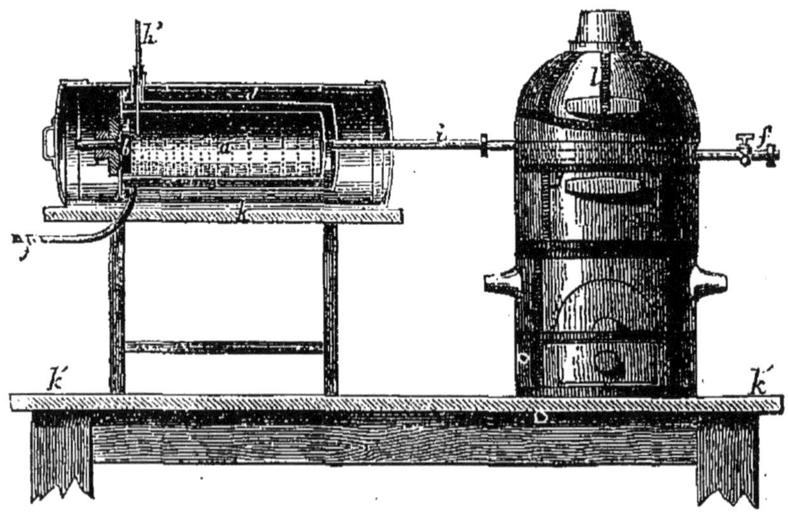

Figure spécimen du *Guide de la fabrication des poudres et salpêtres.*

Dès les premières lignes de ce livre, on s'aperçoit que l'auteur est un homme compétent dans la matière qu'il traite, et qu'à l'étude dans le laboratoire, le major Steerk a joint l'expérience en grand. Dans ses données, tout est rigoureusement exact, et on peut accepter l'auteur comme guide, sans craindre de se tromper.

L'appendice sur les feux d'artifice résume en quelques pages les notions nécessaires pour la confection de ces feux.

Sommaire des chapitres. — Première partie : Soufre, salpêtre, bois. — Charbon : *carbonisation par distillation, par vapeur, analyses des charbons.* — Poudres : poudres de guerre, poudres de mine, poudres du commerce extérieur et poudres de chasse. — Epreuves. — Combustion des poudres, dosages, analysés.

Deuxième partie : Feux d'artifice. — Historique, matières premières, produits chimiques, outils, cartonnages, cartouches, feux qui produisent leur effet sur le sol, feux qui le produisent dans l'air, sur l'eau, etc., feux de salon, feux de théâtre. Confection des principales pièces d'artifice.

POULES (*Éducation lucrative des*), ou traité raisonné de gallinoculture, par MARIOT-DIDIEUX, vétérinaire en premier aux remontes de l'armée, membre et lauréat de plusieurs sociétés savantes. Nouvelle édition. 1 vol. 4 fr.

L'éducation, la multiplication et l'amélioration des animaux qui peuplent les basses-cours ont fait depuis une quinzaine d'années de notables progrès. Répondant à un besoin de l'économie domestique, l'auteur de ce guide pratique a voulu faire un traité complet de gallinoculture dans lequel, après des considérations historiques, anatomiques et physiologiques sur les poules, il décrit les caractères physiques et moraux de quarante-deux races, apprend à faire un choix parmi ces races si diverses et indique les moyens de conservation et de multiplication des individus. Des chapitres spéciaux sont consacrés aux maladies, à la pharmacie gallinée, à la statistique des poules et des œufs de la France, etc.

Les ouvrages de M. Mariot-Didieux sont au premier rang parmi ceux qui enrichissent notre bibliothèque. Aussi voulons-nous, pour en mieux faire ressortir le mérite, donner ici le sommaire des principaux chapitres :

Gallinoculture. — De la poule, son antiquité, son utilité, expositions, concours, anatomie, considérations physiologiques, des sensations, voix du coq, voix de la poule. — Choix des races. — Signes extérieurs de la ponte. — Considérations sur les races de poules. — Races françaises, hollandaises, belges, anglaises, espagnoles, italiennes, prussiennes. — Races asiatiques, indiennes, japonaises, indo-chinoises. — Races syriennes, africaines, américaines. — Races de l'Océanie. — Du croisement des races. — Dépenses et produits de la poule. — Du poulailler, de la cour, des œufs. Moyens de reculer, d'augmenter ou d'avancer la ponte. — Fécondation du coq. — Castration ou chaponnage des coqs. — De l'incubation. — Elevage des poulets. — Maladies des poules. — De la saignée. — Pharmacie. — Vente des produits, etc.

R

ROSEAU (Voir Saule, même page).

ROUES HYDRAULIQUES (*Traité de la construction des*), contenant tous les systèmes de roues en usage, les renseignements pratiques sur les dimensions à adopter pour les arbres tournants, les tourillons, les bras de roues hydrauliques, etc., etc., par Jules LAFFINEUR. 1 volume avec de nombreux tableaux et 8 planches. . . . . 3 fr. 50

L'auteur démontre dans sa préface que le perfectionnement des machines motrices des usines est à la fois une nécessité d'intérêt général et privé. Dans son ouvrage, il recherche et il définit les principales conditions à remplir sous ce rapport, et il donne ensuite tous les détails relatifs à la construction des roues hydrauliques dans les meilleures conditions possibles.

Fidèle à la méthode qui lui est propre, M. Laffineur s'est surtout attaché à se faire comprendre par la simplicité des termes employés et par les nombreux exemples qu'il donne.

Les planches sont d'une grande netteté ; elles représentent tous les systèmes de roues en usage, roues à palettes, roues pendantes, roues en dessous et à aubes courbes, roues à augets, roues horizontales, roues à niveau constant, frein dynamométrique, etc.

ROUTES (Voir Ponts et Chaussées, page 53).

S

SALPÈTRES (Voir Poudres, page 54).

SAULE (*Guide pratique de la culture du*) et de son emploi en agriculture, notamment dans la création des oseraies et des saussaies, avec un appendice sur la culture du roseau, par M.-J. KOLTZ, chevalier de l'ordre R. G. D. de la Couronne de chêne, agent des eaux et forêts, etc. 1 volume avec 35 figures dans le texte . . . . 2 fr.

Ce travail a pour objet de faire ressortir les avantages que procure la culture du saule dans les terrains qui lui conviennent, et qui, le plus souvent, ne peuvent être rendus productifs qu'à l'aide de cette essence ; M. Koltz donne donc le moyen de mettre en produit des terrains vagues. Dans certains parages, le roseau commun forme le complément obligé de l'osier ; l'appendice que M. Koltz a consacré à cette plante renferme des détails intéressants, surtout pour les propriétaires de terrains aujourd'hui tout à fait improductifs.

SCIENCES PHYSIQUES (*Éléments des*), appliquées à l'agriculture; ouvrage divisé en deux parties, par A.-F. POURIAU, docteur ès sciences, ancien élève de l'École centrale, professeur à l'École d'agriculture de Grignon.

Chaque partie se vend séparément.

Première partie. **CHIMIE INORGANIQUE**, suivie de l'étude des marnes, des eaux, et d'une méthode générale pour reconnaître la nature d'un des composés minéraux intéressant l'agriculture ou la médecine vétérinaire. 1 volume avec 153 figures dans le texte et tableaux. . . 7 fr.

Deuxième partie. **CHIMIE ORGANIQUE**, comprenant l'étude des éléments constitutifs des végétaux et des animaux, des notions de physiologie végétale et animale. l'alimentation du bétail, la production du fumier. 1 volume avec 65 figures dans le texte et tableaux. . . . . . . 7 fr.

Figure spécimen des *Éléments des sciences physiques.*

M. Pouriau, aujourd'hui professeur et sous-directeur à l'École d'agriculture de Grignon, a été nommé secrétaire général de la Société d'agriculture de Lyon, à l'élection. Voilà quelques-uns des titres du savant professeur; quant à ses ouvrages, ils sont promptement devenus classiques et ils sont en même temps consultés avec fruit par tous les agriculteurs, les propriétaires, les gentilshommes-fermiers et par tous les gens d'étude et les gens du monde. Pour cette dernière classe de lecteurs, nous citerons le passage de la préface qui indique que cet ouvrage a été en partie rédigé à leur intention :

« Mais, d'autre part, je conseille aux gens du monde, que de semblables détails ne peuvent que médiocrement intéresser, de laisser de côté ces paragraphes, pour reporter leur attention sur les autres chapitres.

« Enfin, toujours guidé par le désir de satisfaire aux besoins de chaque classe de lecteurs, j'ai indiqué, *en note et séparément*, la préparation des principaux corps étudiés, parce que cette branche du cours ne saurait être utile qu'à ceux en position de faire quelques manipulations.

« Si les amis de la science agricole me prouvent, par un accueil bienveillant fait à mon livre, que j'ai suivi la bonne voie, je leur en témoignerai ma reconnaissance en leur offrant successivement les autres parties de mon enseignement. »

SERRURERIE (*Nouveaux Barèmes de*), par E. ROULAND, 1 volume . . . . 4 fr.

EXTRAIT DE LA TABLE DES MATIÈRES. — *Balcons* en barreaux de fer rond avec ou sans ornements, en barreaux de fer plats, en barreaux de fer carré. — *Grilles fixes* en barreaux de fer rond avec ou sans petits barreaux, avec ou sans ornements. — *Grilles ouvrantes* à deux vantaux avec ou sans petits barreaux, avec ou sans ornements. — *Portes* à un vantail et à deux vantaux en fer à T avec panneaux tôle. — *Poids des fers*, fers plats, carrés, ronds, T et cornières double T. — *Poids des tôles*.

SOUDES (Voir Potasses, page 54).

SUCRES (*Guide pour l'essai et l'analyse des*), indigènes et exotiques, à l'usage des fabricants de sucre. Résultats de 200 analyses de sucres classés d'après leur nuance, par E. MONIER, ingénieur chimiste, ancien élève de l'École centrale des arts et manufactures. 1 volume avec figures dans le texte et tableaux . . . . 3 fr.

L'auteur, après avoir rappelé les propriétés générales des substances saccharifères, donne les méthodes les plus simples qui permettent de doser avec précision ces mêmes substances. Quelques notes sur l'altération et le rendement des sucres soumis au raffinage terminent le travail de M. Monier, dont M. Payen a fait un éloge mérité devant l'Académie des sciences.

T

TEINTURIER (*Guide du*), manuel complet des connaissances chimiques indispensables à la pratique de la teinture, par Frédéric FOL, chimiste. Nouvelle édition. 1 volume avec 91 figures dans le texte. . . . . 4 fr.

En publiant cet ouvrage, l'auteur s'est proposé de répandre dans la population ouvrière qui s'occupe des travaux de teinture, les connaissances nécessaires des sciences sur lesquelles est basée cette industrie.

TÉLÉGRAPHIE ÉLECTRIQUE (*Guide pratique de*), ou *Vade-mecum* pratique à l'usage des employés des lignes télégraphiques, suivi du programme des connaissances exigées pour être admis au surnumérariat dans l'administration des lignes télégraphiques, par B. MIÈGE, directeur de lignes télégraphiques. 1 volume avec 45 figures dans le texte. . . . . 2 fr.

TERMES TECHNIQUES (*** *Dictionnaire des*) de la science, de l'industrie, des lettres et des sciences, par A. SOUVIRON, professeur de technologie et d'histoire naturelle à l'Association polytechnique. 1 volume . 6 fr.

TISSUS (*Manuel du commerce des*). *Vade-mecum* du **Marchand de Nouveautés**, par Edm. Bourdain. 1 vol. 3 fr.

Sommaire des chapitres : Introduction. — Visite au magasin. — Tableau par rayon de tous les articles composant un magasin de nouveautés. — Table des villes de fabrique et des genres où elles excellent. — Tissus employés pour confectionner les divers vêtements et quantités employées. — Soins à donner aux étoffes. — Tissus étrangers. — L'Escompte. — Commission. — Teinture et couleurs. — Vêtements sur mesures. — Fourrures. — Termes techniques. — Conseils pour les achats. — Voyage d'achat. — Tableau des tissages mécaniques de France. — Représentants de fabrique. — Cravates et confections. — Comptabilité. — Monnaies et mesures étrangères. — Conseils aux employés de commerce.

****TRANSMISSIONS DE LA PENSÉE ET DE LA VOIX**, par Louis Du Temple, capitaine de frégate en retraite. 2e édit. 1 volume avec 62 figures. . . . 4 fr.

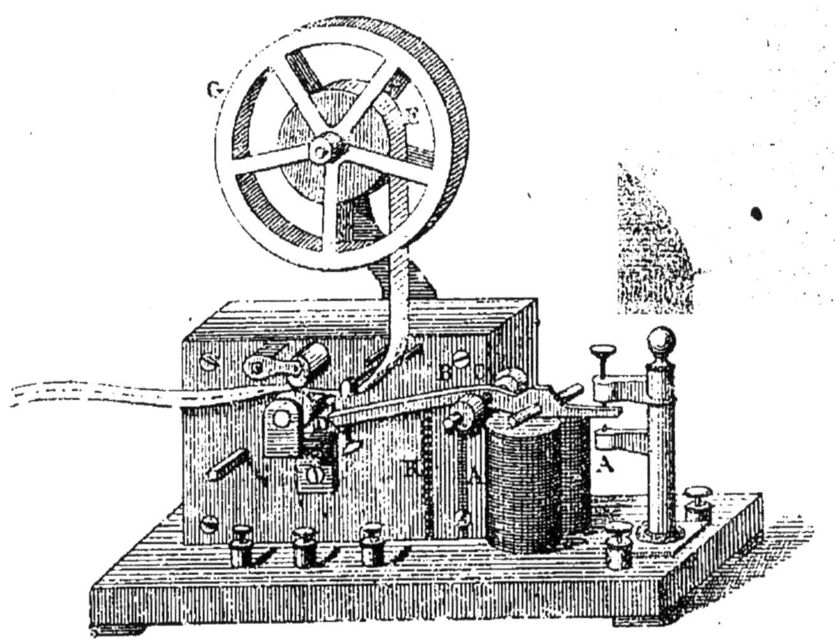

Figure spécimen de *Transmissions de la pensée et de la voix.*

Sommaire des principaux chapitres : *Organe de la vue et moyens employés pour la corriger.* — Structure de l'œil. — Marche des rayons lumineux dans l'œil. — *Organe de la voix.* — *Organe de l'ouïe.* — Oreille. — Comment l'homme peut diminuer les imperfections de l'ouïe. — *Langage.* — Définition. — Langage écrit. — *Papier.* — Historique. — Fabrication du papier. — Différentes espèces de papier. — *Imprimerie* ou *Typographie.* — Historique. — Gravure. — Lithographie. — Presses typographiques. — Clichage. — Gravure en creux. — Gravure en relief. — *Photographie.* — Historique. — Procédés. — *Électro-Métallurgie.* — Galvanoplastie. — Appareils galvanoplastiques, — Applications de la galvanoplastie. — *Télégraphes aériens, pneumatiques, électriques.* — *Téléphone.* — *Phonographe.* — *Aérophone.* — *Postes.*

V

VACHE LAITIÈRE (*Guide pratique pour le choix de la*), par Ernest Dubos, vétérinaire de l'arrondissement de Beauvais, professeur de zootechnie à l'Institut agricole de la même ville. 1 volume avec 7 planches. 2e édition. 2 fr. 50

VERNIS (*Guide pratique de la Fabrication des*), nouvelle édition, revue, corrigée et complètement refondue,

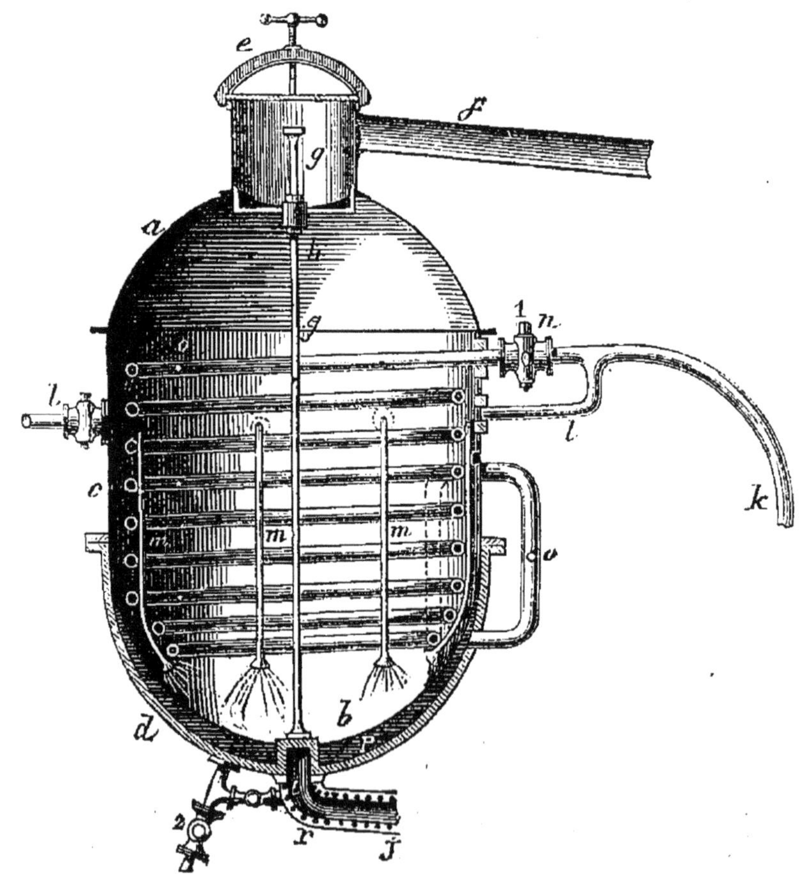

Figure spécimen de la *Fabrication des Vernis.*

de l'ouvrage de M. Tripier-Devaux, par H. Violette, ancien élève de l'Ecole polytechnique, commissaire des poudres et salpêtres, membre de plusieurs sociétés savantes. 1 volume avec figures dans le texte . . . . . . 6 fr.

Extrait de la préface. — Les vernis ne sont autres que des solutions de résines dans certains liquides. Ces liquides, qui sont ordinairement l'*éther*, l'*alcool*, l'*essence de térébenthine* et les *huiles*, donnent aux vernis qui en résultent des propriétés caractéristiques qui en déterminent l'usage. Cette désignation des liquides nous permet de diviser les vernis en quatre classes. — Vernis à l'éther. — Vernis à l'alcool. — Vernis à l'essence. — Vernis gras.

Cette division sera celle des quatre chapitres composant notre ouvrage : nous examinerons chaque classe successivement ; cet examen comprendra : 1° les propriétés physiques et chimiques, ainsi que la préparation du liquide employé à dissoudre les résines de cette classe ; 2° les propriétés physiques et chimiques, ainsi que l'origine des résines employées dans cette catégorie ; 3° la fabrication proprement dite des vernis, par le mélange des résines et liquides précédemment étudiés.

VIDANGE AGRICOLE (*Guide pratique de la*), à l'usage des agronomes, propriétaires et fermiers. Richesse de l'agriculture. Description de moyens faciles, économiques, salubres et pratiques, de recueillir, de désinfecter et d'employer utilement en agriculture l'engrais humain, par J.-H. TOUCHET, chef de service à la compagnie Richer. 2e édition, 1 volume avec figures. . . . . 1 fr.

Ce Guide, en ce qui concerne les vidanges et les différentes manières d'employer l'engrais humain, est le résumé des meilleures méthodes pratiquées actuellement. Les fermiers y trouveront tous des indications utiles. M. Touchet enseigne aux agronomes de la grande et de la petite culture des moyens simples et peu coûteux de se procurer de riches fumiers, richesses trop souvent négligées et perdues pour l'agriculture.

VIGNE (*La*) et ses maladies, contenant les causes et effets morbides depuis l'origine de sa culture jusqu'à nos jours, avec les moyens à employer pour les prévenir et les combattre. Précédé d'une description historique et botanique de cette plante précieuse, ainsi que d'une causerie sur l'oïdium et le phylloxera, par SERIGNE (de Narbonne), membre de plusieurs sociétés savantes. 1 volume. . 3 fr.

SOMMAIRE DES PRINCIPAUX CHAPITRES. — Description historique. — Description botanique. — L'oïdium et le phylloxera. — Description historique de l'oïdium. — Maladies de l'oïdium. — Concours pour la guérison de l'oïdium. — Opinions émises sur l'oïdium. — L'oïdium est-il la cause de la maladie? — Remède adopté contre la maladie. — Effets du soufrage. — Causes réelles de la maladie. — Températures favorables ou nuisibles. — Influence des saisons et des météores. — Blessures ou plaies, blanquet ou pourridie, coulure, carniure chancre vitifère, clavelée, chlorose ou hydroémie, décrépitude, flottage, grapillure, nielle, geule, stérilité. — Maladie des feuilles. — Pyrales. — Destruction de la pyrale à l'état de papillon, à l'état de larve ou chenille. — Moyens préventifs et moyens curatifs. — Destruction de la pyrale à l'état d'œuf, etc.

VIGNERONS (*L'immense Tresor des*) et des **Marchands de Vin**, indiquant des moyens inédits pour vieillir instantanément les vins, leur enlever les mauvais goûts, même celui de terroir, colorer les vins blancs en rouge Narbonne, même d'une manière hygiénique et sans aucun coupage, éviter leur dégénérescence, partant, plus de vins aigres, amers, gras ou poussés; découverte d'un agent supérieur à l'alcool pour le maintien, la conservation et l'expédition lointaine des vins, par L.-F. DUBIEF, 5e édition revue, corrigée et considérablement augmentée. 1 volume. 3 fr.

Extrait de la table des matières. — De la connaissance des vins. — Appréciation et dégustation. — De la distinction. — Du mélange ou du coupage. — Du vinage. — Amélioration des vins. — De l'imitation des vins. — De la confection des vins mousseux. — Du vin muet et de ses avantages. — Des vins de liqueurs et de leurs imitations. — Recettes et opérations des vins de liqueurs. — *Méthode du Midi*. — *Méthode de Paris*. — De la conservation des vins en fûts pleins et en vidange. — Du soufrage ou méchage. — Du collage pour la clarification. — Arome, sève, bouquet et goût de terroir. — Du gouvernement et de la conservation des vins. — De la mise en bouteilles. — Des altérations. — Moyen de les prévenir et de les corriger. — Des altérations accidentelles et moyen de les guérir. — Disposition et conservation des tonneaux. — Contenance des fûts. — L'auteur termine son livre par une série de renseignements très utiles.

VIGNERON (*Guide pratique du*), culture, vendange et vinification, par FLEURY-LACOSTE, président de la Société centrale d'agriculture du département de la Savoie, membre de plusieurs Sociétés savantes. 1 volume. . 3 fr.

Dans la première partie, l'auteur donne les principes généraux pour la culture de la vigne basse : culture en ligne, orientation, la taille, le pinçage, les engrais, choix des cépages, 1re, 2e, 3e et 4e années.

La seconde partie, intitulée *Calendrier du Vigneron*, lui indique les travaux qu'il a à faire mensuellement. La culture des hautains sur treillages élevés dans les champs, remplit la troisième partie. — Quatrième partie : Nouvelles observations pratiques sur les phénomènes de la végétation de la vigne. — Cinquième partie : De la vendange et de la vinification : degré de maturité. — Du ban des vendanges. — Personnel. — Le nettoyage et l'écrasement des grains. — La cuve. — Le décuvage. — Enfin l'auteur termine en indiquant les soins à donner aux vins nouveaux et vieux.

VIN (*Guide pratique pour reconnaître et corriger les fraudes et maladies du*), suivi d'un traité d'**analyse chimique** de tous les vins, 2e édit., par Jacques BRUN, vice-président de la Société suisse des pharmaciens. 1 volume, avec de nombreux tableaux. . . . . 3 fr.

L'art de falsifier les vins a fait ces dernières années de rapides progrès. La chimie ne doit pas se laisser devancer par la fraude : elle doit lui tenir tête et pouvoir toujours montrer du doigt la substance étrangère. Cette tâche, dit M. Brun, incombe surtout aux pharmaciens. Son livre est le résumé des différents traitements qu'il a trouvés réellement utiles, et qui, dans sa longue pratique, lui ont le mieux réussi pour l'examen chimique des vins suspects.

VINS FACTICES (*Guide pratique de la fabrication des*) et des boissons vineuses en général, ou manière de fabriquer soi-même les vins, cidres, poirés, bières, hydromels, piquettes et toutes sortes de boissons vineuses, par des procédés faciles, économiques et des plus hygiéniques, par L.-F. DUBIEF. 3e édition. 1 volume . . . . 2 fr.

M. Dubief a publié ce petit ouvrage, non seulement pour venir en aide aux personnes économes, mais encore, et plus, pour celles dont l'économie est une nécessité. Si elles suivent les prescriptions qui y sont indiquées, elles peuvent être assurées de bien fabriquer elles-mêmes et avec facilité toutes sortes de vins, bières, cidres, etc. Ainsi, il traite la cuvée des vins de raisin fabriqués avec le marc, avec sirop de sucre, de fécule. — Vin rouge de sucre. — Vin mousseux, de fruits, cerises, prunes, groseilles, etc., etc. — Vins de grains, céréales, etc. — Toutes les formules et les procédés indiqués par l'auteur sont simples et faciles, et il suffit de les avoir lus pour les mettre en pratique.

VINIFICATION (*Traité complet de*) ou art de faire du vin avec toutes les substances fermentescibles, en tout temps et sous tous les climats, par L.-F. DUBIEF. 4e édit. 1 volume . . . . 4 fr.

Volume contenant : Les moyens de remédier à l'intempérie des saisons relativement à la maturité du raisin. Le tableau des phénomènes de la fermentation et le meilleur moyen de la produire et de la diriger; les moyens particuliers de faire fermenter les marcs provenant de l'égrapillage du raisin et refermenter ceux qui ont déjà été fermentés; de procurer au vin plus de qualité par une seconde fermentation; de le vieillir sans faire de coupage, par des procédés simples et faciles; de lui enlever le goût de terroir, comme aussi d'obtenir des marcs de raisin, de l'alcool, de l'huile, de l'acide tartrique, etc. ; *et suivi* : des procédés de fabrication des vins mousseux, des vins de liqueurs, vins de fruits et vins factices, les soins qu'exigent leur gouvernement et leur conservation, les principes pour la dégustation et l'analyse des vins, etc., etc.

VOYAGEURS ET BAGAGES (Voir Exploitation des chemins de fer, page 23).

Le cartonnage toile de chaque volume se paye 0,50 c. en plus des prix indiqués.

TABLE DES NOMS D'AUTEURS
PAR ORDRE ALPHABÉTIQUE

Imprimeries réunies, C. rue du Four, 54 bis, Paris — 7027.

BIBLIOTHÈQUE DES PROFESSIONS

INDUSTRIELLES, COMMERCIALES ET AGRICOLES

Acier (*Emploi*), par J.-B. Dessoye. 4f »
Acier (*Traité*), par Landrin. 4 »
Algèbre (*Principes*), par Leprince. 4 »
Alliages métalliques, par Guettier. 3 »
Aluminium, métaux alcalins. 3 »
Animaux domestiques, Dr Lunel. 3 »
Architecture navale, p. Bousquet. 2 »
Bergeries, Porcheries, par Gayot. 3 »
Betterave, par Basset. 3 »
Bijoutier (*Guide*), par Moreau. 2 »
Bois (*Carbonisation*), par Dromart. 4 »
Bois (*Cubage, estimation*), p. Frochot. 4 »
Botanique appliquée, par Lerolle. 4 »
Brasseur (*Guide*), par Mülder. 4 »
Bris et naufrages (*Code des*), par Tartara. 4 »
Calculs et comptes faits, par Lenoir et Vinot. 4 »
Calligraphie, par Louis Baude. 4 »
Chaleur (*Théor. méc.*), Clausius, 2 vol. 8 »
Charcuterie pratique, Berthoud. 4 »
Charpentier (*Manuel*), par Merly. 4 »
Chasseur médecin, Mariot-Didieux 2 »
Chauffeur (*Manuel*), par Jaunez. 2 »
Chemins de fer (*Exploitation des*), par Emion. *Voyageurs*. 4 »
Marchandises. 4 »
Chimie minérale, par le Dr Sacc. 3 »
Chimie organique, par le Dr Sacc. 3 »
Chimie (*Introduction à l'étude de la*), par Liebig. 3 »
Chimie (*Génér. élém.*), par Hétet, 2 vol. 12 »
Chimiste agriculteur, par Pouriau. 6 »
Collodion sec au tannin, Courten. 4 »
Conférences agricoles, p. Gossin. 1 »
Conseillers généraux (*Manuel*), par Albiot. 4 »
Constructeur (*Guide*), par Pernot. 4 »
Construction à la mer, *avec atlas*, par Bouniceau. 18 »
Corps gras industriels, Chateau. 4 »
Cotonnier (*Culture*), par Sicard. 2 »
Culture maraîchère, par Courtois-Gérard. 4 »
Cultures exotiques (*Cafier, Cacaoyer, Canne à sucre*). 4 »
Dessinateur (*Comment on devient un*), par Viollet-le-Duc. 4 »
Dessin linéaire, *avec atlas*, Ortolan. 6 »
Douane (*Lois et Règlements*) E. Lelay 4 »
Drainage, par Kielmann. 2 »
Droit maritime, par Doneaud. 3 »
Éclairage électrique (*Montage des Appareils*), par de Gaisberg. 2 »
Économie domestique, Dr Lunel. 2 »
Écuries et Étables, par Gayot. 3 »
Électricien (*Ingénieur*), Graffigny. 4 »
Électricité (*Leçons*), p. Snow-Harris. 3 »
Engrenage, par Dinée. 3 50
Entomologie agricole, p. H. Gobin 3 »
Épicerie (*Guide*), par le Dr Lunel. 3 »
Ethnographie, d'Omalius d'Halloy. 4 »
Expropriés (*Manuel*), par Emion. 1 »
Falsifications, par le Dr Lunel. 4 »
Féculier, amidonnier par Dubief. 4 »
Fer (*Métallurgie*), par Fairbairn. 4 »
Ferments et fermentations, A. Rey 4 »
Géographie (*Traité*), par Lescure. 3 »
Géologie (*Manuel*), par Dana. 4 »
Géomètre arpenteur, par Guy. 4f »
Géométrie, *avec atlas*, par Rozan. 6 »
Grandes Écoles de France, par Mortimer d'Ocagne :
Carrières civiles. 4 »
Services de l'État. 4 »
Herboriseur, par Ed. Grimard. 4 »
Hydraulique et hydrologie, par Laffineur. 3 50
Hygiène et Médecine, p. le Dr Lunel. 2 »
Ingénieur agricole, par Laffineur. 3 »
Introduction à l'étude de la Physique, par L. Du Temple. 4 »
Inventeurs (*Droits*), par Dufréné. 3 »
Jardinage, par Courtois-Gérard. 4 »
Joaillier (*Guide*) par Barbot. 4 »
Laine (*Filature*), par Leroux. 15 »
Lapins (*Éducation*), Mariot-Didieux. 2 50
Législation pratique, par Block. 4 »
Liqueurs (*Fabrication*), par Dubief. 4 »
Liquoriste des Dames, par Dubief. 3 »
Maison (*Comment on construit une*). 4 »
Matières industrielles, p. Gaudry. 4 »
Mécanicien, par Ortolan, 3 vol. 12 »
Métallurgie pratique, par D.-L. 4 »
Météorologie agricole, par Canu et Larbalétrier. 2 »
Métiers manuels (*Livre des*) Houzé 4 »
Minéralogie appliquée, Noguez, 2 v. 8 »
Minéralogie usuelle, par Drapiez. 3 »
Octrois (*Nouveau Manuel*), Laffolay. 4 »
Officier (*comment on devient*). 4 »
Oies, canards, par Mariot-Didieux. 2 50
Olivier (*Culture*), par Reynaud. 4 »
Ostréiculteur, par Fraiche. 3 »
Parfumeur, par le Dr Lunel. 4 »
Perspective, par Pellegrin. 4 »
Photographie, par Chevalier. 3 »
Pisciculture, par Larbalétrier. 4 »
Plantes fourragères, par A. Gobin. 6 »
Ponts et Chaussées, Birot, (2 vol. à 4f) 8 »
Potasses, soudes, par Frésénius. 2 »
Poudres et salpêtres, par Steerk. 4 »
Poules, par Mariot-Didieux. 4 »
Roues hydrauliques, par Laffineur. 3 50
Saule et Roseau, par Koltz. 2 »
Sciences physiques *appliquées à l'Agriculture*, par Pouriau, 2 vol. 14 »
Serrurerie (*Barêmes*), par E. Rouland. 4 »
Sucres (*Essai, analyse*), par Monier. 3 »
Teinturier (*Manuel*), par Fol. 4 »
Télégraphie électrique, par Miège. 2 »
Termes techniques (*Dictionnaire des*), par A. Souviron. 6 »
Tissus (*commerce des*) Ed. Bourdain 3 »
Transmissions de la pensée et de la voix, par L. Du Temple. 4 »
Vache laitière (*Choix*), par Dubos. 2 50
Vernis (*Fabrication*), par Violette. 6 »
Vêtements de femmes et d'enfants par Elisa Hirtz. 3 »
Vidange agricole, par Touchet. 1 »
Vigne (*ses maladies*), par Serigne. 3 »
Vigneron, par Fleury-Lacoste. 3 »
Vignerons (*Trésor des*), par Dubief. 3 »
Vins, (*Fraudes et maladies*), p. Brun. 3 »
Vins factices, par Dubief. 2 »
Vinification, par Dubief. 4 »

Paris. — Imp. Gauthier-Villars et fils.

www.ingramcontent.com/pod-product-compliance
Ingram Content Group UK Ltd.
Pitfield, Milton Keynes, MK11 3LW, UK
UKHW020557230726
13926UKWH00005B/2079